五南圖書出版公司 印行

圖解
植生工程

林信輝
張集豪
陳意昌 /著

閱讀文字

理解內容

觀看圖表

圖解讓
植生工程
更簡單

作者簡介

林信輝

現職

　　國立中興大學水土保持學系兼任教授

　　台灣環境綠化協會常務理事

　　台灣坡地防災學會理事

學歷

　　國立中興大學水土保持學系學士　　　　　　　　民國57～61年

　　國立中興大學水土保持學系碩士　　　　　　　　民國65～68年

　　國立中興大學植物學系博士　　　　　　　　　　民國71～76年

　　日本九州林學科防砂研究室進修　　　　　　　　民國80～81年

　　日本東京農業大學林學科治山綠化研究室進修　　民國81年

經歷

　　國立中興大學水土保持學系助教、講師、副教授　民國64～85年

　　國立中興大學水土保持學系教授　　　　　　　　民國85～105年

　　美國堪薩斯大學訪問教授　　　　　　　　　　　民國86年

　　國立中興大學水土保持學系系主任　　　　　　　民國87～90年

　　中華民國環境綠化協會理事長　　　　　　　　　民國91～96年

獲獎

　　民國79年12月獲中華農學會中華水土保持學會「學術獎」

　　民國85年3月12日獲省桓各界慶祝植樹節暨「綠化有功人員」獲獎

　　民國86年6月5日獲教育部頒給「八十五年度辦理環境教育績優之個人獎」

　　民國95～104年度國立中興大學建教合作計畫教師績優獎

張集豪

現職

　　私立東海大學景觀學系兼任講師

　　國立勤益科大景觀系兼任講師

　　東海空間設計有限公司負責人

學歷

　　私立東海大學景觀學系學士、碩士

　　國立中興大學水土保持學系碩士、博士班

經歷

　　2016獲國家卓越建設獎

　　中國一級景觀技師

　　虎尾科大與中州科大講授景觀植物學、植栽設計、景觀設計等課程十餘年。

陳意昌

現職

　　嶺東科技大學兼任助理教授

　　台灣土地重劃學會常務理事

　　內政部土地重劃工程處課長

學歷

　　國立中興大學水土保持學博士　　　　　　　　民國89～93年

　　國立中興大學水土保持學碩士　　　　　　　　民國81～83年

經歷

　　高考技師水土保持科及格　　　　　　　　　　民國85年

　　公務人員高考三級土木工程職系水土保持工程科　民國87年

　　逢甲大學、勤益科技大學、中州科技大學及嶺東科技大學等兼任助理教授（民國94～105年）講授水土保持學、生態工程、植生工程等課程十餘年。

　　中華鄉村發展學會理事　　　　　　　　　　　民國97～105年

　　台灣土地重劃學會秘書長、理事　　　　　　　民國98～105年

序

序

　　近年來，因地球暖化加劇，極端氣候發生頻繁，產生的災害愈來愈嚴重；而臺灣地質年代新、河川坡陡流急，位處颱風必經路徑及地震常發生地區，加上山坡地密集開發，致常有坡地土砂災害的發生。植生工程在坡地上為水土保持處理與維護之主要措施，而平地公園綠地之植生綠化工作具有景觀美質、修身保健、微氣候調節之功能；海岸地區之植生保護帶或森林帶則為環境復育、定砂防風、海岸保護之主要屏障。

　　筆者從事植生工程相關研究及實務經驗近40年，曾編著《坡地植生工程》與《特殊地植生工程》等大學及研究所相關科系用書，提供從事水土保持植生工程規劃設計及實務施作之參考。由於上述書籍內容較為專業詳細、文字繁多，為使一般初學大眾、實務工作人員能較快速瞭解植生工程之內容，本書彙集該二本書的精華，並增加植栽方法案例資料；內容的撰寫以較淺顯易懂的文字呈現，並配合圖表或照片案例說明。

　　全書分為緒論、植物材料特性與環境保育功能、植栽工法、播種工法、景觀生態考量規劃設計、植生調查與植生導入成果驗收等章節。然而，植生工程之施工規範與作業，常因不同施工單位、不同植生目的與應用植物材料種類不同而異，明確規範施工流程圖說有其困難。本書暫可做為一般植生工程初步規劃設計與解說訓練之參考資料，實際工程施工規範與細部設計仍需視現況調整之。

　　本書共同作者張集豪先生提供植栽工法與景觀規劃相關手繪圖、文字說明與照片等，陳意昌先生協助植物環境保育功能、工程配合植生方法以及全文架構規劃等貢獻良多；國立中興大學水土保持學系植生研究室程怡婕、蘇郁婷、陳煦屏等協助打字、編輯、示意圖繪製及文字校對等工作，於筆者退休之際能順利完成本書，在此一併致謝。

　　謹此為序。

林信輝

2016年9月

CONTENTS
目錄

第3章　植栽工法

第4章　播種工法

第5章　景觀生態考量規劃設計

第6章　植生調查與植生導入成果驗收

主要參考文獻

附　錄

NOTE

第1章
緒　論

1-1 植物之定義與分類

1. 植物的定義

植物（plant）爲與動物、礦物之相對名詞，爲具細胞壁與葉綠素，能行光合作用的自營生物。

2. 植物的分類

關於植物之分類系統有多種不同的學派，簡易的植物分類系統將植物界分爲菌藻植物亞界與有胚植物亞界，前者再細分爲細菌、藍藻、紅藻、綠藻、灰青藻、變形菌、裸藻、甲藻、黃綠藻、褐藻、菌及地衣等12門，後者則細分爲以孢子行無性繁殖的蘚苔植物、蕨類植物，及以種子行有性繁殖的種子植物。種子植物中，裸子植物之種子裸露於外，而被子植物之種子則被包覆於果實內；被子植物因子葉數目可細分爲單子葉植物及雙子葉植物。如圖1-1所示。

3. 高等植物與低等植物

植物也可依維管束構造之有否，區分爲高等植物與低等植物（表1-1）。高等植物因具有木質部和韌皮部成束排列之結構，故又稱維管束植物，包括蕨類植物、裸子植物與被子植物等；低等植物在形態上無明顯根、莖、葉等器官之區別；如蘚苔、藻類、地衣等。高等植物與低等植物之比較，如表1-1。

4. 臺灣地區的維管束植物

臺灣植物誌Flora of Taiwan (Ⅱ)（2003）記載臺灣維管束植物約4,200種，其中約有4,000種爲臺灣原生植物（近1,000種爲台灣特有種），約200種爲外來歸化植物。該書中分別說明各植物之學名、形態描述、檢索、引證標本、分布地區、相關文獻、插圖照片、總名錄及索引等。本書所提及之植物名稱、特性說明，概以臺灣植物誌之資料爲準。

小博士解說

植物的名稱，通常有中文、學名、英名及別名（俗名或商品名）等。中文以臺灣植物誌（Frora of Taiwan, 2003）之名稱爲準。學名爲國際上通用的名稱，以二名法命名，每個物種學名由屬名和種名兩個部分構成。屬名爲拉丁語法化的名詞，第一個字母大寫；種名是拉丁文中的形容詞。種名的後面通常需加上命名者及命名時間。在正式之報告資料或科學文獻出版時，學名之需以斜體字表示之。例如，中名：黃槿；學名：*Hibiscus tiliaceus* Linn.；別名：粿葉樹、糕仔樹等；英名：Linden Hibiscus、Coast Hibiscus等。

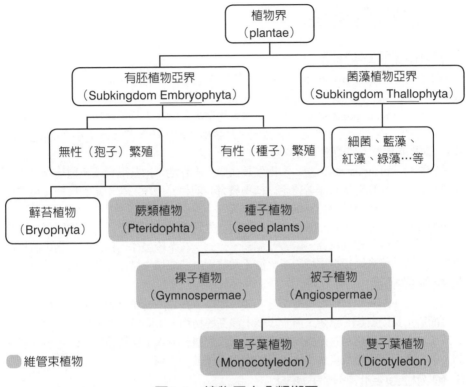

圖1-1　植物界之分類概要

表1-1　高等植物與低等植物之比較表

	高等植物	低等植物
植物種類	蕨類、裸子植物、被子植物	菌藻類、蘚苔植物
形態	莖葉體植物 有根、莖、葉之區別	原植體植物 無根、莖、葉之區別
構造	有組織分化	無組織分化
生殖器官	多細胞，結合子在母體發育成胚 （有胚植物）	單細胞，結合子發育時離開母體， 不形成胚（無胚植物）
繁殖	有性繁殖或無性繁殖	無性繁殖
維管束構造	有維管束構造	無維管束構造
生活週期	有明顯而規律的世代交替	無明顯的世代交替

1-2 植物與植生

1. 植物之個體與群體

植物個體（plant individual）：指單一的植株個體，描述時注重其個體大小、高度及其根、莖、葉、花、果、種等器官之形態特性。

植物族群（plant population）：指同種植物聚集生長在一特定棲地或某一區域範圍之植物群體，描述時注重其組成之種類、數量與族群大小；其族群大小（population size）即指其族群內個體數量之多寡。

植物群落（plant association）：指生長在同一生育地，由其形相或多種植物組成的複雜集合體。植物群落意涵著特定之植物發育（演替）過程，有一定的形相及植物種類之組合。其最小分類單位亦稱為植物群叢。

植物社會（plant community）：生長在同一生育地之相同或不同之植物群落，彼此營運著不同功能，相互依存、影響及協調，達到一有系統規律而穩定的社會。植物社會之結構與功能會因棲地環境因子之變化而改變，造成植生群落取代之消長現象。

2. 植生與植被

植生（vegetaion）又稱為植被，為「某一地區生長之所有植物的總稱」，特別是指地表面所生長的蕨類、草類、灌木、喬木等高等植物。不同研究領域或工作領域對植生或植被之習慣用語常有差異，如工程界、景觀植栽或水土保持領域慣用「植生」一詞，而生態保育研究或森林工作人員則慣用「植被」一詞。

3. 植物種類變化與植生演替

植物群落之組成與構造並非一成不變，而是具有動態變化。一地區植物種類、數量隨時間系列改變之過程，即一個植物群落被另一個植物群落取代的演變過程，稱為植生演替（vegetation succession）或植物消長。植生演替的機制為前一期的植物族群無法自行更新，或無法與後一期的植物競爭之結果。

以台灣山坡地崩塌產生的裸露地為例（圖1-3），通常由在崩塌初期土壤貧瘠，僅能生長對地力需求度低的先驅草本植物，當土壤條件及微氣候逐漸為草本植物所改善後，灌木等陽性植物開始入侵，並逐漸取得優勢，再漸次由其他小喬木、大喬木族群所取代，最後陰性樹種優勢生長，至達到保育機能高之極盛相森林群落。不同環境條件下將形成不同的極盛相，亦有些因環境限制而無法達到極盛相。

植物個體
Plant individual

單一植物個體

植物族群
Plant Population

聚集生長在某一區域的
同一種植物

植物群落
Plant Association

指某一區域由多種植物
的複雜集合體。具一定
形相與植物種類之組合

圖1-2　植物個體與植物群落示意圖

演替初期				演替中期	演替後期
裸露地	地衣或蘚苔類	一年生或多年生草類	草類小灌木	陽性樹種群落 植物種類少與雜異度高	陰性樹種群落 植物種類多與雜異度高

圖1-3　崩塌產生的裸露地植生演替系列示意圖

1-3 植生工程之定義與內容

1. 植生工程之定義

　　植生工程（vegetaion engineering）係研究植生施工之對象，選取適宜生長之植生材料，配合基礎與保護工程之構置及植生導入作業，使達到植生設計目的之科學與相關技術。

2. 植生工程之內容

　　植生工程計畫流程，如圖1-4。規劃時需先確立植生工程之預期目標，再依不同規模、地形、地質、氣候等基地環境調查結果，擬定植生對策與施工計畫；利用基礎與保護工之建構及植生導入，來達到資源重建及環境永續利用之效果。

　　植生工程之內容包括植生前期作業（或稱植生基礎工）、植生導入作業（或稱植生工法）及植生維護與管理等項目（如圖1-5），其內涵如下：

　　(1) 植生前期作業：指在裸露坡面導入植生前所做的措施，目的在穩定坡面並營造成適合植生生長的環境。

　　(2) 植生導入作業：指依坡面條件與植生目的，使用適宜的方法使植物能在坡面上長成。植生導入作業方法可概分為播種法、栽植法與植生誘導法。

　　(3) 維護管理作業：指為確保植生工程成效所需採行的措施。

3.植生工程相關名詞釋義

(1) 綠化工程（revegetation engineering）

　　或稱為綠化工，屬日本之慣用名詞, 包括綠地植物之再生、復原、創造、保護等相關之計畫、施工、管理等工作項目之總稱，即包括綠化基礎工、植生工與植生管理工等。「綠化工程」一詞，目前在臺灣地區常與「綠美化工程」混淆使用，較習用於都市社區綠地之營造等。

(2) 綠美化工程（greening and esthetic engineering）

　　係以人類視覺感受與身心保健為考量，通常屬小區域範圍之都市環境綠化與改善景觀風貌、提升民眾生活、居住環境品質之植栽工程。綠美化工程多數以景觀植物為植物材料，在已完成基地土方工程或不再挖填土方之基地上栽植苗木，配置草花或為改善環境品質、視覺感受所進行之相關步道、簡易休憩措施等。

(3) 植栽工程（planting works）

　　以植栽法進行植生導入作業，即利用樹木栽植、草苗栽植、草皮鋪植、扦插繁殖、育苗穴植等方式達成植生規劃設計目的之方法。植栽工程係植生工程中針對使用種子播種工法的相對用語，或謂利用苗木、成木及草本等材料之植生工程。

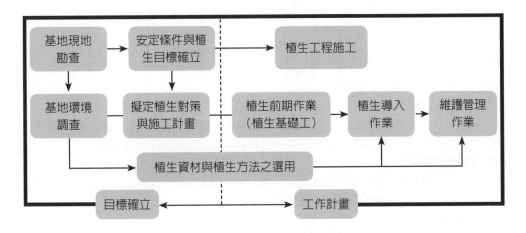

圖1-4 植生工程計畫流程圖

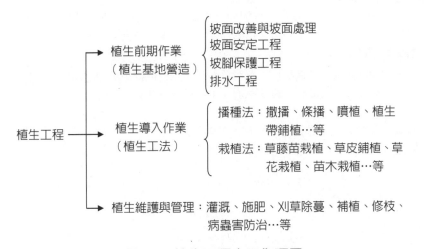

圖1-5 植生工程之工作項目

1-4 植生工程基本設計類型

　　植生工程之規劃設計，需依其施工對象立地特性，選取適宜的植生材料，配合基礎與保護工程的設置後，進行植生導入作業，俾達到預期的植生綠化覆蓋效果。其基本設計類型，可概分為下列五種：

1. 水土保持型
　　為水土資源保育、減低沖蝕、防止災害等目的，如與水土保持工程配合則成效更佳。在人為開發、植被破壞地區或自然災害裸露地區的快速植生覆蓋方法。

2. 綠地造園型
　　配合人工構造物，進行植生導入作業，使用植物較少限制，原則上以本地植物及景觀植物為主，以創造綠地空間與景觀美質。

3. 自然保育型
　　用於一般自然森林公園或保育地區，使用植物以本地植物為原則，藉以恢復既有的植生狀態，或使其自然植生演替而達到近極盛相之植生群落。

4. 配合造林型
　　主要為林業經營管理，藉經濟林樹種之栽植及人工撫育，在短期內達到人工林群落。常使用實生苗木與小苗栽植，以確保樹木（根部）正常生長而廉價。

5. 景觀生態型
　　考量生態環境及景觀結構特性，應用於農村、鄉村或都市發展地區，除達植生綠化之功能外，亦兼具景觀調和、棲地廊道、生態體驗之成效。

　　上述屬一般設計類型原則上的分類，各類型比較如表1-2。植生工程之設計類型因植生設計目的及區域特性而不同，亦有在同一地區兩種類型同時使用者。

表1-2 植生工程（植生綠化）基本類型的比較

特性＼類型	水土保持型	綠地造園型	自然保育型	配合造林型	景觀生態型
植物材料	・覆蓋草類 ・先驅植物 ・速生樹種 ・綠肥植物	・造園植物 ・景觀植物 ・綠美化植物 ・觀賞植物	・原生植物 ・潛在植被（本地種苗） ・棲地復育植物	・造林樹種 ・經濟林樹種 ・生態綠化生植物	・景觀植物 ・生態綠化植物 ・棲地保育植物
適用地點	・緩衝綠帶 ・土砂災害地 ・宜保育地 ・人為開發地區	・公園 ・庭園造景 ・都市綠地 ・道路綠地	・自然公園 ・原始森林 ・保安林 ・保育地區	・林班地 ・海岸林 ・保安林 ・緩衝林帶	・植生緩衝帶 ・植生廊道 ・園景綠地 ・棲地復育
栽植與管理	・少量植物維護與管理 ・速生植物播種 ・噴植或苗植	・植物競爭控制 ・苗木栽植 ・成木移植 ・集團化栽植 ・限制危害生物	・植物天然競爭 ・天然植生演替 ・人為輔助管理	・危害植物控制（除草除蔓） ・小苗木栽植 ・長期撫育管理	・生態綠化（小苗密植） ・栽植多樣化 ・群團化栽植
目的與功效	・植生覆蓋 ・土壤沖蝕控制 ・邊坡穩定 ・快速森林化	・造景造園 ・環境綠美化 ・人工景觀美質 ・保健修養 ・大氣淨化（都市林）	・棲地保育 ・水土資源保育 ・大氣淨化（綠資源保育） ・自然美（原始林相）	・木材生產 ・自然人工美（經濟林相） ・森林遊憩 ・大氣淨化（碳儲積）	・景觀調和 ・生態綠美化 ・生態體驗 ・生態棲地保育

NOTE

第2章
植物材料特性與環境保育功能

2-1 木本植物生長類型與應用（一）

1. 木本植物之定義

　　木本植物（arboreus plants）亦通稱為樹木，係草本植物之相對名詞。為具有高聳且生存一年以上的莖，且其形成層能年年增長以增大直徑的植物。其植株本身一般在短期內較無明顯消長變化，故種類較不會因調查季節而有差異。故於調查中，強調植物之生長、開花結果等週期之記錄。

2. 木本植物之生長類型

　　木本植物依整體型態分為喬木類（trees）與灌木類（shrubs）（圖2-1）：

(1) 喬木類

　　具自然樹形且有明顯單一主幹部分，植株高度通常大於5m。依其樹冠生長形態又可概略分為開張型喬木及直立型喬木二類，如圖2-2所示。

　　依植物之生長型（growth form），又分大喬木如樟樹、楓香、木麻黃、茄苳等；中喬木如水黃皮、水柳、九芎、穗花棋盤腳等；小喬木如羊蹄甲、海檬果、水同木等，而在不同研究領域對其生長高度之分類有不同定義，如表2-1所示。

(2) 灌木類

　　無明顯主幹或主幹甚短，多數分枝自基部產生，植株高度通常小於5m。依其自然生長高度可分為小灌木為高度1m以下，如月橘、甜藍盤等；中灌木為高度1~2m，如臺灣山芙蓉、水麻等；大灌木為高度2~5m。但某些樹齡超過15年之高灌木，因基部分枝型態已生長成主幹，亦常被歸類為大灌木或小喬木。

小博士解說

　　廣義之木本植物，除喬木、灌木外，亦包括木質藤本類。木質藤本植物主要特徵為莖不能直立，必須纏繞或攀附在它物而向上生長，若無支撐物，它會長成類灌木型，或稱蔓性灌木。木質藤本類植物初期生長可能像草類，但莖部木質化直立生長後期，亦能直立生長如喬灌木。如軟枝黃蟬、九重葛等。

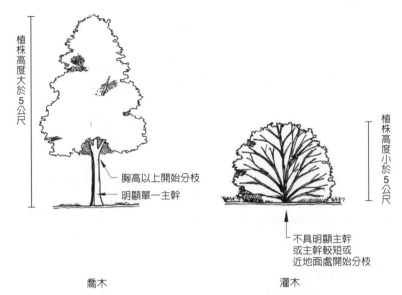

圖2-1　喬木、灌木一般型態示意圖

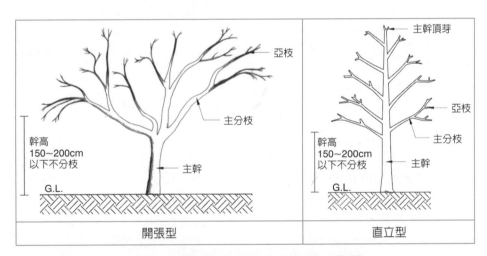

圖2-2　喬木苗木枝幹部位形態示意圖

表2-1　喬木分類與植株大小定義

分類 ＼ 專業領域	景觀、建築界（人工綠地）	水土保持、土木工程界（坡地或惡地植生）	森林植被、生態保育界（自然棲地）
大喬木	18m 以上	12m 以上	30m 以上
中喬木	9~18m	6~12m	－
小喬木	9m 以下	6m 以下	－

2-2 木本植物生長類型與應用（二）

3. 樹木形態（外型）

一般而言，樹木的形態或外型可分為以下七類：

(1) 紡錘形（fastigiated）

為狹長聳直，逐漸向上尖細之形狀，可引導人們的視線垂直向上，給人一種垂直高聳的感覺，例如龍柏與福木，如單獨種植容易形成焦點，在應用上宜少量種植。

(2) 圓柱形（columnar）

與紡錘形類似，唯圓柱形之頂點為圓形而非尖形，與紡錘形有相似的設計考量，如垂枝長葉暗羅（印度塔樹）。

(3) 圓形或球形（round/globular）

外表為圓球形，是最常被使用的造型之一，重複使用會產生統一感。外形上給人柔和感，因此可應用於調和其它外形較強烈之樹木，如麵包樹、圓柏等。

(4) 金字塔形／圓錐形（pyramindal/conical）

外觀為圓錐形，自底部向上漸尖形成一個尖頂，因此外形明顯，若與其它造型對比，可形成視覺焦點。此形植物可以與直立高聳的建築物和陡峭的地表相互呼應，如小葉南洋杉、柳杉等。

(5) 散形／水平形（spreading/horizontal）

植物的寬度和高度相近，呈現水平生長的特性，給人一種寬闊伸展的感覺，如鳳凰木、雀榕等。

(6) 垂枝形（weeping）

外觀具有明顯的下垂或下彎枝條，引導視線向下，可用於引導視線向下延伸的水岸邊緣。常用於彎曲水體的周圍凸顯水的流動質感，如垂柳、水柳。

(7) 特殊形（picturesque）

具有獨特的外貌，最好設置在明顯的景觀位置。並應儘量避免在同一個地方種植二株以上，以免失去主景的情況產生，如蘇鐵、棕櫚類、竹類等，或人工修剪之特殊造型。

紡錘形（fastigiated）　　　　　　圓柱形（columnar）

圓形或球形（round/globular）　　金字塔形 / 圓錐形（pyramindal/conical）

散形 / 水平形（spreading/horizontal）　　垂枝形（weeping）

特殊形（picturesque）

圖2-3　不同類型之樹木形態

2-3 木本植物生長類型與應用（三）

4. 觀賞價值

植物的葉、果實（種子）、花或姿態、香氣具觀賞價值，可運用於植栽工程設計。如以下說明：

(1) 觀葉

主要以葉形特殊或葉色變化奇特為欣賞訴求，如菩提樹、提琴葉榕、臺灣桫欏、墨水樹、通脫木、鐵色等以賞葉形為主；烏桕、櫸木、銀杏、楓香等以賞葉色等。

(2) 觀果

植栽的果實顏色、造型吸引觀賞者視線，如毛柿、雀榕、掌葉蘋婆、大花紫薇、胭脂樹、小西氏石櫟、日本板栗、珊瑚樹、毛苦參、山桐子等。

(3) 觀花

植物開出色彩鮮豔的花朵，或是散發出獨特的香氣吸引觀賞者，如紫薇、火焰木、山櫻花、美人樹、臺灣欒樹、阿勃勒、梅等。

(4) 觀姿

植物整株具有獨特的造型，如臺灣五葉松、日本黑松、青楓、臺灣蘇鐵、小葉南洋杉、垂枝長葉暗羅、昆士蘭瓶幹樹、小葉欖仁、木棉、臺灣海棗等。

(5) 香氣

具有芳香氣味之樹種，可減輕難聞之氣味，消除惡臭及淨化空氣，如香水樹、月橘、桂花、白玉蘭、含笑花、茉莉花、使君子等。

圖2-4 景觀植物觀賞價值照片例

2-4 草本植物生長類型與應用（一）

1. 草本植物之定義

　　草本植物（herbaceous plants）係指植株之莖無木質化，而為草質莖或多肉質莖之植物。與草本植物之名稱相似或相關連之名詞，為便於區分，茲分別說明如下：

2. 草本植物之相關名詞

(1) 草地（lawn）

　　指禾本科植物或類似禾本科之纖細外部形態之植物群落，自然生長或經人為經營管理後頗為整齊劃一，且大面積覆蓋地表面者。

(2) 地被植物（ground covers, ground cover plants）

　　為保護土地表面或工程構造物表面，減少自然風化作用；或人為造景，密植被覆地表用的植物稱之。木本植物或草本植物均可適用，但限定在修剪容易且維持低高度之植物種類，並依其利用或生長之目的做為目前地被植物材料之主要考慮要件。

(3) 草花植物（herbaceous flower plants）

　　草花係指一、二年生的季節性草本花卉，用於庭園景觀配置，通常草花的花期為3~6個月，並且以冬季至春季選擇性較多，須定期換植新苗，以維持觀賞價值。

公園草地	草地（地毯草）
地被植物（蔓花生）	地被植物（絡石）
草花植物（花海植栽）	草花植物

圖2-5　草地、地被植物、草花植物應用實例

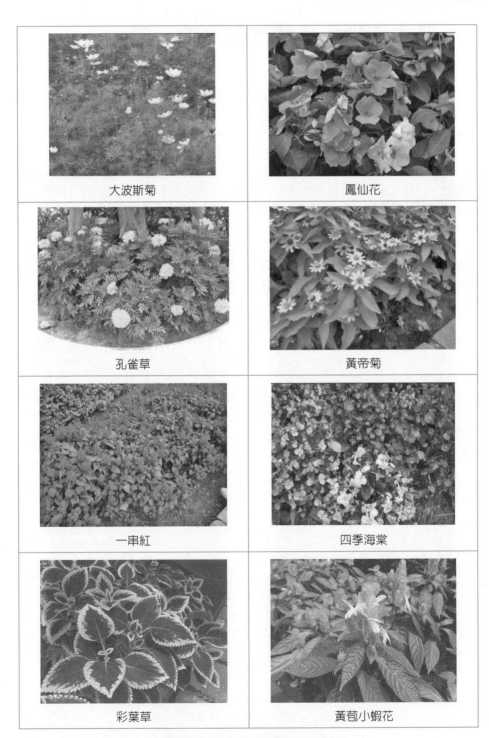

大波斯菊

鳳仙花

孔雀草

黃帝菊

一串紅

四季海棠

彩葉草

黃苞小蝦花

圖2-6　常見草花植物（例）

2-5 草本植物生長類型與應用（二）

3. 禾本科草類形態特性

禾本科植物的根系均為鬚根（fibrous roots）；穎果萌芽時最先長出來的胚根（radicle），在早期即停止生長，而為不定根（adventitious roots）所取代。

禾本科植物的莖節間若延長，每節生根蔓延者稱為匍匐莖（stolon），匍匐莖有時離地面之距離較高，其莖生長數節後觸地再生根，又可稱為走莖，如狗牙根；有些匍匐莖緊貼著地面生長，如類地毯草。而莖若生長於地下，節間緊縮、略膨大成白色或褐色，且具有鱗片者，稱為根莖（rhizome），如百喜草。稈或地下莖之每節均有芽，若屬稈基部的芽，長出新枝、生根所形成者，則稱為分蘗。

4. 禾本科草類生長類型

(1) 叢生型

常屬於多年生宿根性高莖草類，根系量較多，基部分蘗生長而成叢生狀，較適生與適用於石礫地、荒地等地區，常見如五節芒、高狐草。

(2) 匍匐莖型

可概分為地上莖匍匐型與地下莖匍匐型。常可形成緻密草皮，較適於整地後區域與公園綠地。地上匍匐莖型如地毯草、假儉草、百喜草。地下匍匐莖如臺北草、百慕達改良品系等。

(3) 走莖型

與地上莖匍匐型相似，但莖離地面之距離較高，節間較長，其莖生長數節後觸地再生根者又稱為走莖，如百慕達草、羅滋草。生長快速，適合於需快速植生覆蓋與地表保護之區域。

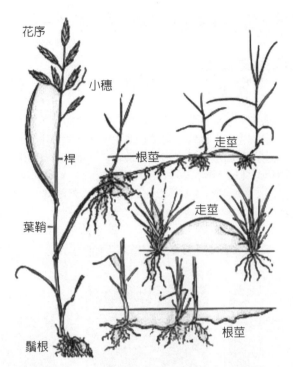

花序
小穗
桿
根莖
走莖
葉鞘
走莖
鬚根
根莖

圖2-7　禾本草類之形態特性示意圖

高狐草（叢生型）

五節芒（叢生型）

百喜草（匍匐莖型）

羅滋草（走莖型）

圖2-8　不同生長類型之禾本科草類照片例

2-6 草本植物生長類型與應用（三）

5. 禾本科草類之用途概要

(1) 坡面穩定：以適地性、生長快速、覆蓋緻密之草類為主，如百慕達草、百喜草等。

(2) 草溝：以覆蓋緻密、根系強健之草種為主，如百喜草、類地毯草等。

(3) 荒地草原：以耐瘠性、生長快速之草類為主。如斗六草、克育草、五節芒等。

(4) 路面植草：以耐踐踏之草種為主。如假儉草、竹節草、類地毯草、台北草等。

(5) 林下或果園覆蓋：以耐陰性及易於管裡之草種為主。高海拔地區如黑麥草、果園草；低海拔地區如（大業）百喜草、兩耳草及農地自然選留之草種等。

(6) 公園綠地草皮：以可形成覆緻密草皮之草種為主，如假儉草、地毯草、類地毯草、台北草⋯⋯等。

目前臺灣地區作為草皮草種之主要禾本科草類，如圖2-10。

圖2-9　禾本科草類應用照片例

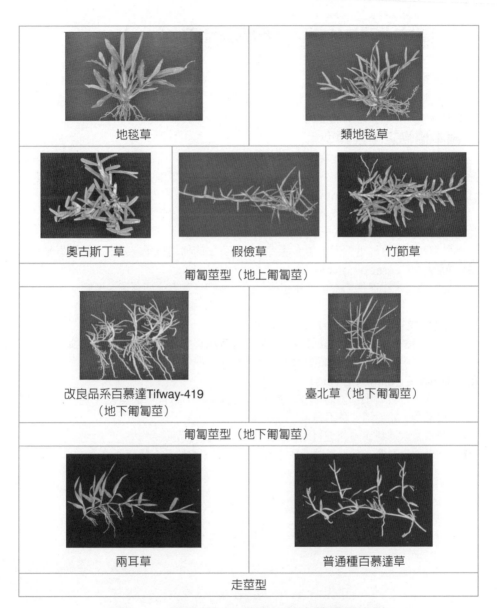

圖2-10　臺灣地區主要應用草皮草種照片例

2-7 藤本植物生長類型與應用（一）

1. 藤本植物之定義

藤本植物亦稱為蔓性植物，其莖的主幹不能直立，須靠其莖纏繞他物、靠特殊器官攀附他物上升或貼覆地面而生長。

2. 藤本植物之生長類型

藤類植物依蔓莖之木質化程度分為草本的草質藤類和木本的木質藤類。藤類之生長類型（growth form）依其莖的外部形態、構造及纏繞、攀附方法，可分為以下5類：

(1) 蔓狀藤類（decumbent vine）

莖為蔓狀或半蔓性狀，無特殊攀援器官者。如苦藍盤、軟枝黃蟬、九重葛等。

(2) 伏生藤類（prostrate vine）

莖呈匍匐狀臥生於地面者，無走莖或不每節生根的匍匐藤類。如南美蟛蜞菊等。

(3) 匍匐藤類（creeping vine）

莖匍匐地面，能從每節生根或具有橫行於地面的走莖者。如蔓荊、濱刺麥、馬鞍藤等。

(4) 纏繞藤類（twining vine）

莖本身纏繞它物生長者，其纏繞莖左旋上升者如葛藤等；其右旋者如血藤、日本山藥、葎草、忍冬等。而部分植物的纏繞莖兼有左旋與右旋者，如何首烏。

(5) 攀援藤類（climbing vine）

① 根攀：以附著根攀附著他物生長，如長春藤等；另有卷鬚具吸盤，附著伸長似根攀者，如地錦、薜荔等。

② 刺攀：以棘刺或鉤刺塔懸他物攀昇，如蓮實藤、黃藤。

③ 卷攀：以卷鬚或葉柄盤繞他物上升，如葡萄、炮仗花、鐵線蓮等。

圖2-11　藤類植物主要攀附生長方法示意圖

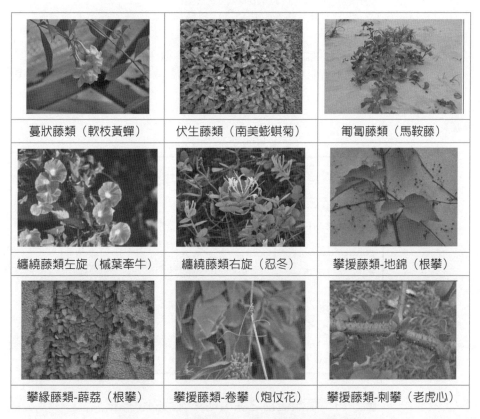

圖2-12　藤類植物之攀附類型與照片例

2-8 藤本植物生長類型與應用（二）

3. 藤類植物之應用地點與目的

　　藤類之應用類型眾多，依應用地點可分為地面、坡面、垂直面與天頂面；依應用地點與目的可概分為地被與構造物綠化。如圖2-13。茲分述下：

(1) 草皮之代用地被：因藤類植物維護管理費用較低。

(2) 遮陰地之地被：因藤類植物通常較具有耐蔭特性。

(3) 區隔用地被：利用藤類植物覆蓋所形成的區塊做為視覺上的區隔。

(4) 樹根覆蓋：藤類植物覆蓋於樹根周圍可達美化效果。

(5) 修剪整型地被：藤類可任意修剪整型，配合特殊地形之綠化要求。

(6) 挖方或填方坡面綠化

(7) 混凝土坡面與砌石地綠化：利用具吸盤植物向上攀援、利用格子網輔助攀援，或於坡面栽植穴栽植藤類。

(8) 建築物壁面綠化：藤類植物吸盤攀援向上；鋪網輔助攀援（攀援藤類）；特殊格框輔助生長（纏繞藤類）；自屋頂下垂綠化（草本藤類）。

(9) 石牆綠化：使用適宜岩縫生長且具耐旱性之藤類。

(10) 混凝土擋土牆綠化：擋土牆上方栽植下垂藤類。

(11) 隔音牆綠化。

(12) 綠籬：讓藤類攀爬於圍牆、欄杆等設施，形成綠籬。

(13) 岩壁綠化：岩壁上方栽植下垂藤類；穴植槽藤類栽植；落石防止網兼做藤類攀附網。

(14) 屋頂綠化。

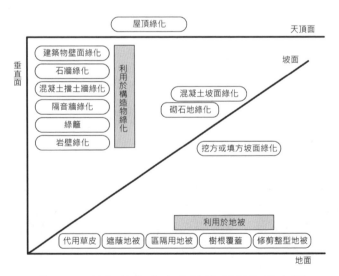

圖2-13　藤類植物之應用地點與目的示意圖

道路分隔島地被

代用草皮（常春藤）

花架頂綠化（軟枝黃蟬）

砌石地綠化（串花藤）

建築物壁面綠化（薜荔）

建築物壁面與庭園綠美化

休憩公園壁面綠化

綠籬

圖2-14　藤類植物之應用類型設計例

2-9 環境與植物生長（一）

植物生長受周邊環境條件之影響，包括氣候因子（光照、氣溫、降雨、強風等）、土壤因子（土壤有效深度、土壤之物理性及化學性）及地形（坡度）、地質等。

1. 氣候與植物生長

(1) 光照與植物生長

植物通常需要充足陽光才能茂盛生長，在強光照條件下才能發育健壯的植物，稱爲陽性植物。陽性植物通常具有耐高溫、耐乾旱的能力，如五節芒、血桐、山黃麻、構樹等，能先發於裸露地，初期生長快速並生存下來的先驅植物。

能在較微弱光線下長期生長的植物，稱爲耐蔭性植物。耐蔭性植物可生長於林蔭間，利用短暫時間之林下光照吸收光能，提供CO_2固定作用所需之能源。

(2) 氣溫（海拔高度）

地球不同緯度與雨量之區域形成不同的植物相。緯度相近時，海拔爲影響氣溫的重要因素（表2-2）。以臺灣中部地區植物群落爲例，其氣溫與植被之垂直分布示意圖如圖2-16。海平面至高山近四千公尺，因海拔高度不同，各地之平均氣溫亦不同，而形成榕楠林帶、楠櫧林帶、櫟林帶、鐵杉雲杉、冷杉林帶等不同植物群帶。

(3) 降雨量

年降雨量之大小會影響植物生長與自然植物群落之組成（表2-2），通常降雨量較大的地區植物之生長速率較快，生物量亦較大。臺灣地區年平均雨量達2,430 mm，約爲地球上陸地平均降雨量之2.5倍，屬多雨之地區，具有高岐異度、覆蓋良好之自然植物群落。

(4) 風與植物生長

風對植物之作用包括：

① 乾燥作用：風可將植物葉部表層濕潤空氣吹走、促進蒸散作用，致使葉片乾燥及氣孔關閉、光合作用降低之結果。

② 機械作用：植物因強風吹襲而造成葉片破裂、枝條折斷及造成旗形木（flag）、擠壓木（compression wood）生長之情形。淺根性之樹木易因風之作用而倒伏或傾斜。

③ 鹽霧作用：源自海中之鹽分隨風飄運至海岸地區，對低耐鹽性的植物可造成嚴重之傷害。含鹽分汁水氣（水滴）灑布在葉片上，會致使氣孔關閉，生長停滯；鹽分撒布在受損枝條上，會產生壞疽現象。

④ 風積作用：沿海砂丘地區，砂粒易受風之吹襲而移動，而移動之砂粒會在風力減弱或遇到障礙物處產生堆積，稱爲風積作用。砂粒之堆積會導致植物根域的通氣性降低，植物莖部受砂埋作用會因溫度增高而導致植物致病害或死亡。

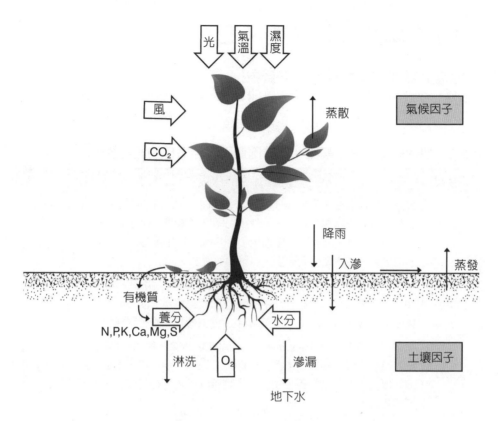

圖2-15 影響植物生長之主要環境因子示意圖

2-10 環境與植物生長（二）

2. 地球上陸地生態系植物相之概要

陸地上的生態系主要受水分含量（降雨量）、氣溫（緯度、海拔）影響而有不同的植物相，其說明如表2-2。

表2-2　地球緯度、海拔高度、年降雨量與其自然植物相之關係

植物相	生長環境
寒原	最高月平均溫度不高於 10℃，全年僅有 2~4 個月的月均溫高於 0℃。日夜溫差大，風中常攜帶冰粒。分為高山寒原（臺灣 3000m 以上）與極地寒原（60°N，900m 以上）。植物稀少，多為一年生或多年生宿根性、根莖發達之植物，灌木矮化而稀少，以草類佔優勢。
針葉林	年平均雨量約為 650mm，日均溫低於 0℃達六個月之久，最高溫偶達 30℃。主要分布於北半球緯度較高（加拿大北部、西伯利亞、北歐）或海拔較高（臺灣 2000m 以上）之區域。優勢植物為松柏科植物。
落葉林	年平均雨量為 750~1,250mm；月均溫 13~23℃，最冷月均溫約 −6℃。主要分布於中緯度地區，氣溫變化顯著，夏季日照較長、溫度較高、雨水豐沛。優勢種為落葉性被子植物，植物歧異度大，動物量多，大部分被砍伐成作物區。
密灌叢	常見於冬季多雨而夏季乾旱的地中海型氣候地區，年平均雨量約為 400~500mm。主要由簇生的木本植物組成常綠、多刺、小葉的密灌叢，高 0.5~5m。
熱帶雨林	長年氣候變化較小，年均溫達 27℃，年平均雨量大於 2500mm，雨水充沛且平均分布在各季節。植物種類甚多，下層甚多附生植物與藤類植物。
草原	年平均雨量為 250~750mm，其降雨量不足以使樹木成長，然亦不至於形成沙漠，以草生植物為主。
沙漠	雨量稀少且分布不均；年平均雨量在 250mm 以下，水分蒸發率相當大且晝夜溫差大。

3. 臺灣地區植物群落分布概要

臺灣氣候溫暖潮濕，地形變化大，海拔分布範圍廣，植物群落主要隨海拔成垂直分布。以臺灣中部為例，由海拔0m至3600m，隨著海拔高度增加、氣溫降低，可見到不同的森林植物群落（如圖2-16）。

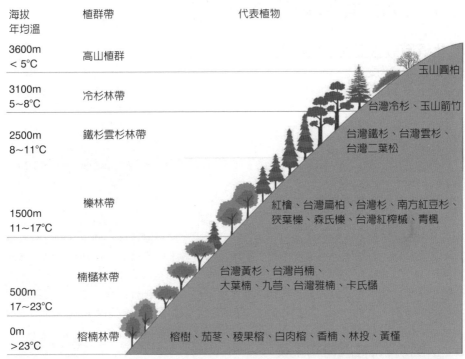

海拔
年均溫　　　植群帶　　　　　　代表植物

3600m　　　高山植群
< 5℃　　　　　　　　　　　　　　　　　　　　　　　　玉山圓柏

3100m　　　冷杉林帶
5~8℃　　　　　　　　　　　　　　　　　　　　台灣冷杉、玉山箭竹

2500m　　　鐵杉雲杉林帶　　　　　　　　　台灣鐵杉、台灣雲杉、
8~11℃　　　　　　　　　　　　　　　　　台灣二葉松

1500m　　　櫟林帶　　　　　　　　　紅檜、台灣扁柏、台灣杉、南方紅豆杉、
11~17℃　　　　　　　　　　　　狹葉櫟、森氏櫟、台灣紅榨槭、青楓

　　　　　　楠櫧林帶　　　　台灣黃杉、台灣肖楠、
500m　　　　　　　　大葉楠、九芎、台灣雅楠、卡氏櫧
17~23℃

0m　　　　　榕楠林帶　　　榕樹、茄苳、稜果榕、白肉榕、香楠、林投、黃槿
>23℃

（仿蘇鴻傑，1978資料繪製）

圖2-16　臺灣中部植物群落垂直分布示意圖

2-11 環境與植物生長（三）

4. 土壤有效深度與土壤剖面

(1) 土壤有效深度

土壤有效深度係指從土地表面至有礙植物根系伸展之土層深度。土壤爲植物生長之介質，根系發育生長之區域，不同植物種類之根系伸入土壤中深度不同，對土壤厚度（深度）之需求亦不同。

(2) 土壤剖面

從地表向下挖掘一段距離後，可觀察到一個垂直切面，稱爲土壤剖面，如圖2-17、表2-3。

(3) 植物生長與土壤層厚度

土壤硬度適中，且在未達地下水之狀態下，確保土壤有效深度90 cm以上，是喬木植栽基地的基本條件。如土壤厚度不足時，可依土壤層厚度選擇不同生活型之植物種類，如圖2-18。如基地土壤厚度不足，需加以植穴客土或儘量以小苗栽植及輔以灌溉設施。

地下水位對樹木生長之影響，因樹木高度與淺根性、深根性而異。地下水位距地面小於150 cm時，如圖2-18，將對其樹木生長產生不良影響，可能因土壤過濕而造成根部呼吸阻礙等問題。

5. 土壤物理特性與植物生長

(1) 土壤含石量

土壤通常指粒徑小於2mm顆粒者，大於2mm的岩塊及其碎屑部分稱爲含石量。含石量大於50%之土壤稱爲石質土，不適機械整地且自然植物入侵生長不易，需部分客土植生。土壤含石量過高，會阻礙植物根系發展與影響植物生長。

(2) 土壤三相組合

土壤三相分別爲固相、液相、氣相，固相部分可供給植物根系固著、儲存養分；液相部分可提供水分、養分、養氣之運輸；氣相部分可供給氧氣、存積雨水及孔隙排水等。土壤三相的組成比例左右通氣、滲透性、保水性等土壤物理特性。液相和氣相二者所占空間合稱爲孔隙，土壤中孔隙所占之比例和基地內樹木生育有密切關係。一般坡地土壤三相組成（即固相－液相－氣相比例）爲50-25-25%，其土壤容積密度約爲1.3左右；而一般認爲良好的森林土壤三相組合約是40-30-30%左右，如圖2-19。

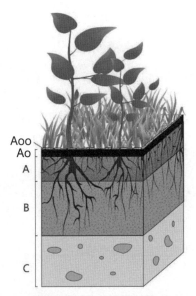

圖2-17 植物根系生長與土壤剖面示意圖

表2-3 典型土壤剖面之分層說明

分層名稱	定義與說明
Aoo 層 枯枝落葉層	包括尚未被分解的枯枝落葉和動植物遺骸。
Ao 層 半腐植層	經微生物分解後形成的腐植質，呈現黑色，是提供生物生長的重要元素。
A 層 表土層／腐植層	上方接近地表處，會和有機質混合形成顏色較深的土壤層，下方若淋溶作用旺盛，會使細粒物質和有機質向下移動，剩下抗風化強的礦物質，如石英等，顏色會形成較淺的灰白色或淺灰色。
B 層 澱積層／洗入層 ／底土層	來自上層溶解的物質以及被雨水沖刷帶下來的物質在此層堆積，因此稱為洗入層，或稱為底土層。 土壤顆粒較為精細，土壤結構較緻密。
C 層 母質層、風化層	剛形成的土壤，由下層土壤母質剛開始被風化所形成的碎屑，因形成時間較短，與土壤母質性質較接近。

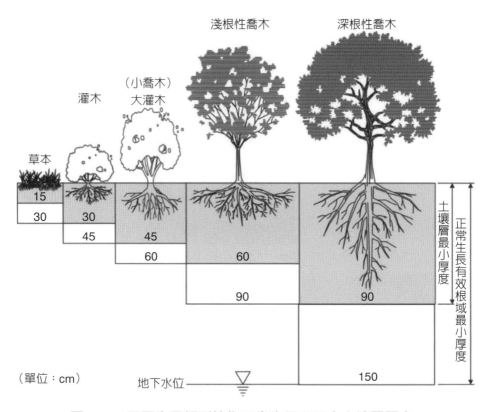

圖2-18　不同生長類型植物正常生長必要之土壤層厚度

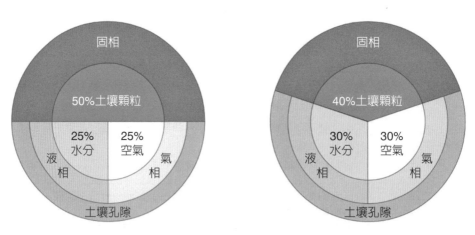

一般坡地土壤三相組合　　　　　良好的森林土壤土壤三相組合

圖2-19　一般坡地與良好森林之土壤三相組合

(3) 土壤質地

　　土壤之組成包含大小不同粒徑的顆粒，依其不同粒徑相對含量所組成之比率（百分比），會呈現土壤的粗細程度，此即稱為土壤質地（soil texture）。這些粒徑分布的範圍，可概分為砂粒（sand）、坋粒（silt）與黏粒（clay）等。為瞭解其各大小粒徑之組成，將小於2mm顆粒者進行土壤機械分析，即以機械方式將土壤加打散，包括以木槌將土塊敲散，必要時加入土壤分散劑，然後透過篩分析（sieve analysis）、沉降比重測定，得知各粒徑之組成比率後，利用土壤質地三角座標圖對土壤進行分類（圖2-20）。

　　單位土壤體積內所含有之砂粒、黏粒和坋粒組成比例稱為土壤質地。可由土壤質地三角座標圖來區分土壤類型（圖2-20）。

　　土壤質地影響土壤保水、保肥與通氣的能力，進而影響植物的生長。砂質土之土壤孔隙大，排水快，但不易保留養分；黏質土之土壤孔隙小，保水、保肥能力較高，但乾縮比例高；壤土則介於兩者之，是較適合植物生長的土壤。

　　植生工程常用之客土材料通常為砂質壤土，並需配合有機肥之施用或配合灑水設施。

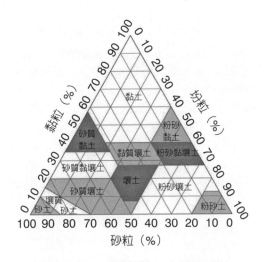

圖2-20　土壤質地三角座標圖

2-12 環境與植物生長（四）

6. 土壤化學特性與植物生長

土壤中主要養分要素之可供給性，受土壤反應、水分、各要素量之比例等綜合影響，因此判斷土壤養分之豐富與否，須從土壤化學性整體來評估。

(1) 土壤酸鹼值

土壤反應常以氫離子濃度的負對數值表示之，稱土壤酸鹼度（pH值），一般植物喜生長於pH6.5左右之微酸性土壤。

(2) 土壤養分

各營養元素含量與土壤肥力之分級標準如表2-4。土壤養分不足或過量將影響植物之生長，其可能產生之病徵分述如下：

① 氮肥：氮為葉綠體構成之來源，而葉綠體為植物行光合作用之場所，缺乏時葉片會成不鮮明的黃至綠色；過量時葉呈暗綠、葉肉多汁柔軟，開花、結果延後，果實少。

② 磷肥：磷為核酸核蛋白之構成元素，且其在能源轉換過程中扮演重要角色，缺乏時細胞分裂衰退，植物發育不良，葉片呈狹窄狀，老葉出現紅色；過量時葉肉肥厚、樹幹矮小、根發育不良、果實過度早熟且產量減少。

③ 鉀肥：鉀為50種酵素反應之必需活性劑，且影響蛋白質之合成，缺乏時植株矮小、葉之尖端有褐色出現，嚴重時有壞疽產生；過量時新葉有增大的傾向，且植株伸長，生長勢弱。

④ 鎂肥：鎂為葉綠素之主要元素，且為光合作用之活性劑，缺乏時，葉片除葉脈外，皆出現黃化之現象；過量時將抑制鉀、鈣之吸收。

⑤ 微量元素：微量元素在植物體中含量極微，但其量不足往往使植物迅速發生異常症狀而枯死，如缺鐵時植物之幼葉有黃萎病，因鐵對葉綠體形成有很大影響；缺鋅時幼葉生長受到抑制而出現叢生的症狀；缺銅時會不易形成種子。

表2-4　一般土壤肥力分級標準（各營養元素與其土壤肥力之意義）

營養元素		極低	低	中	高	極高
pH		≦4.0	4.1~5.5	5.6~6.5	>6.5	
有機質 Organic Matter%			<0.5	0.5~1.5	1.5~3.0	>3.0	
磷（P）ppm	Bray-1	<3	3-7	7~20	>20	
	Bray-2	<7	7~16	16~46	>46	
	Olsen		0~5	5~10	10~15	15~20
	Mod.Olsen		<8	8~12	12~20	>20
氮含量（Kjeldahl method, by weight）	% of soil	<0.1	0.1~0.2	0.2~0.5	0.5~1.0	>1.0
有效鉀（ppm）	中性醋酸銨	0~14.9	15~29.8	29.9~49.6	49.7~99.2	>99.2
交換鉀（ppm）	醋酸銨抽出液，1:10 30min 土類（Ⅰ）	<15	15~25	25~50	50~80	>80
	土類（Ⅱ）	<20	20~40	40~70	70~95	>95
鈣（Ca）ppm			<285.7	285.7~571.4	571.4~1143	>1143	
鈉（Na）meg/100g		<0.1	0.1-0.3	0.3~0.7	0.7~2.0	>2.0
鎂（Mg）ppm		<24.1	24.1~48.2	48.2~96.4	>96.4	
鋅（Zn）ppm		<0.32	0.32~0.80	0.80~2.40	>2.40	
銅（Cu）ppm		0~2.0	2.1~4.0	4.1~6.0	>6.0	
鐵（Fe）（暫定）ppm			<50	50~300	>300	
錳（Mn）（暫定）ppm			<20	20~140	>140	

資料來源：土壤肥力因子之分級標準彙集，1992，國立中興大學土壤研究所。

註：土類（Ⅰ）含紅黃壤（RY），黏板岩（AT,ATL,ATH），砂頁岩（ASc, ASn），片岩石灰岩（Ac），沖積土，石質土（L）。

　　土類（Ⅱ）含看天田（H），紅壤（R），黑土（B）。

2-13 植生對微氣候調節之功能

1. 濕度與氣溫調節

　　林木樹冠層可阻截（interception）、反射（reflection）、吸收（absorb）及傳導（transmiting）太陽輻射。一般而言：白天森林內溫度較森林外低3~5℃，但在夜晚（特別是冬天之夜晚）則林內溫度反而稍高於林外。森林內外的溫度變化，可促進空氣流動，故臨近森林地區經常涼風清拂，讓人感到舒適。在夏季林木透過蒸散作用及吸收太陽輻射可消耗熱能，降低氣溫；冬季林木可阻截強風所帶來的冷卻效應。因此，都市地區之綠帶或林帶可稱為「天然的冷（暖）氣機」。

　　植生群落之存在，亦會影響地面受熱之區位及熱之傳導作用，林木蒸散之水分可增高相對濕度，在闊葉樹林約增加2~3%，針葉樹林則增加約5~10%。尤以黃昏氣溫明顯下降時，相對濕度增加最多。

2. 防風功能

　　樹幹、樹枝和樹葉都能阻擋氣流前進，所以氣流通過森林後速度會減慢，特別是茂密的森林，防風作用更明顯。氣流減弱的程度與樹木的高度、數量、種類以及森林的寬度有關。防風林的拖曳力作用如同防風柵或防風籬，可緩和空氣的流動。坡地風衝地帶或海岸地區之風速大，可規劃防風林帶以改善耕作環境及提高環境品質。海岸地區林帶之配置設計、減低風速範圍。如圖2-21、2-22。

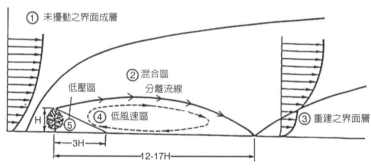

圖2-21　林帶周邊氣流分布模式示意圖

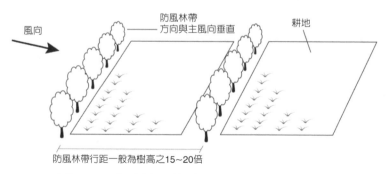

圖2-22　海岸地區耕地防風林帶設置示意圖

公園綠地林木植栽　　　　　公園草地遮蔭樹木

河濱公園遮蔭樹木　　　　　都市林木植栽

海岸防風林　　　　　沿海低地平地造林

耕地防風林植栽　　　　　耕地防風林植栽

圖2-23　樹木之微氣候調節與防風功能照片例

2-14 植生對空氣淨化之功能

1. 補氧作用（光合作用）

　　光合作用（photosynthesis）係指綠色植物葉片吸收太陽能、固定CO_2、產生碳水化合物之過程（圖2-24）。植物葉片行光合作用之過程，會吸收二氧化碳、釋出氧氣，其作用之大小受葉面積指數（leaf area index）及葉片光合速率之影響。一般而言；每個人每天吸收O_2之量約等於30m^{2}植生綠地內一天所釋出O_2之量。

2. 過濾作用（汙染控制）

　　由於植物綠帶之存在，可使其冠層周邊濕度增加，而葉片本身及其表皮毛狀物等，亦可達到減低風速之功能，因而可阻截空氣中砂粒、煙塵、花粉、孢子等通過植生綠帶，達到間接吸附及淨化空氣之效果（圖2-25）。

3. 吸收作用與吸附作用

　　空氣中的各種汙染物，會對植物造成傷害，但植物也能吸收氣態之汙染物，如CO_2、CS、CN、HF、Cl_2等，把它們代謝成較無害的物質。而固態之汙染物，如石棉、氯化物、微量金屬等可被植物吸附於葉片表面或枝幹表面以達到空氣淨化之功能。

4. 除臭作用（香花植物）

　　空氣汙濁、臭氣沖天，也是一種空氣汙染。如在垃圾場、養豬場等周邊，有計劃地種植具有芳香氣味之樹林帶或綠帶，如香水樹、玉蘭花、緬梔（雞蛋花）、七里香、桂花、含笑花、茉莉花、梔子花、野薑花等植物，則可減輕難聞之氣味，消除惡臭並淨化空氣。

小博士解說

　　光合作用（photosynthesis）係指綠色植物葉片吸收太陽能，固定CO_2，產生碳水化合物之過程。光合作用可分為三項反應，而分屬兩期。前二項需光，包括水之光分解作用（phytolysis of water）及光合加磷作用（photophosphorylation），合稱為光反應期（light reaction stage），其結果為植物將光能吸收後，轉換成NADPH及ATP的化學能。後一項反應不需光，稱為暗反應期（dark reaction stage），其結果為由ATP供應能量，NADPH進行還原反應，而將CO_2固定之。而綠色植物CO_2固定路徑，包括C_3路徑（C_3 pathway）、C_4路徑（C_4 pathway）及景天酸代謝（Crassulaceae acid metabolism, CAM）。

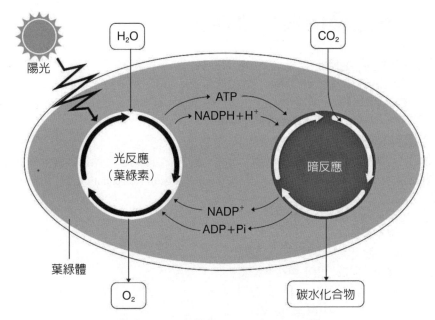

圖2-24　植物葉部光合作用示意圖

圖2-25　植物之過濾作用（空氣汙染控制）示意圖

2-15 植生覆蓋與土壤沖蝕

1. 土壤沖蝕之定義

　　土壤沖蝕係指土粒受外力作用而造成位置移動之現象，此外力以水為最重要，其次為風。人為開發或破壞的裸露地區，土壤沖蝕量會大量增加。植生覆蓋可減低逕流及雨滴打擊力，並可能發展出抗蝕性的土壤團粒構造，減少土壤沖蝕量。

2. 土壤沖蝕量之計算

　　坡面上土壤流失量的多寡受到氣候、土壤、植物及地勢等因子共同影響，可用目前美國保育界廣泛使用的通用土壤流失公式（universal soil loss equation）計算之，其公式為：

$$A_m = R_m \times K_m \times L \times S \times C \times P$$

A_m：土壤流失量

R_m：降雨沖蝕指數，由降雨特性控制

K_m：土壤沖蝕指數，由土壤特性控制

$L \times S$：坡長與坡度因子，由地形控制

C：植生覆蓋因子，由植被情形控制

P：水土保持因子，依水土保持處理情形而不同

　　其中植生覆蓋因子C值，受到植物種類、覆蓋度、型態及季節性的差異左右。植生覆蓋對土壤沖蝕量之影響顯著。經試驗得出，在其它條件不變的情況下，C值在裸露地時為1，一般作物栽培區則為0.1~0.8之間，過度放牧之草原為0.1，全面殘株敷蓋為0.01，疏林或良好覆蓋之草原為0.01，森林或密緻的灌叢為0.001，；此數值說明植生覆蓋與沖蝕相關性頗大，其值由1至0.001，即其沖蝕量相差約1000倍。有關植生覆蓋與土壤沖蝕相關情形如圖2-26。

水土保持戶外教室土壤沖蝕觀察試驗

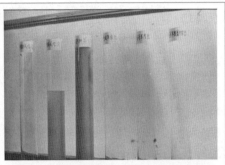

不同植生覆蓋可能產生不同之土壤沖蝕量

土壤沖蝕試驗（鳳山園藝試驗分所）

土壤沖蝕試驗（屏東科技大學）

農地百喜草全面覆蓋良好

農地缺少植生覆蓋，造成土壤沖蝕嚴重

泥岩地區土壤沖蝕情形（臺灣南部）

紅土地區土壤沖蝕情形（中國福建）

圖2-26　植生覆蓋與土壤沖蝕相關照片例

2-16 植物群落與水文循環（一）

1. 植物對水源涵養之效益

　　植物群落在水文循環中扮演重要角色。以森林爲例（圖2-27），樹木有冠層截留作用；植物根系可吸收土壤水分，而根系存在所造成的孔隙亦可增加土壤保水力；地被植物覆蓋與枯枝落葉增加地表粗糙度，減緩地表逕流並增加入滲，進而促進水分深層滲漏至地下水層，達到涵養水源的效益。

2. 植生覆蓋與逕流

　　當雨水降到森林地區後，部分雨水經植物樹冠截留、蒸發與蒸散、地面枯枝落葉層之吸收、地面蓄積及滲透至土壤中，多餘之水在地表面上流動稱爲逕流（runoff）。地表逕流愈大，土壤沖蝕愈大，災害隨即產生。

　　地表逕流量對降雨量的比率，稱爲逕流率。在同一地區若自然條件相同，逕流大小主要受植生覆蓋狀況影響。植生覆蓋度（或鬱閉度）愈高，則逕流率愈低，其原因爲：

　　(1) 植物樹冠截留雨水，使實際下降至林內的雨量較林外少，而部分雨水自葉片滴落，延遲降雨下落於地面之時間。

　　(2) 枝葉層、腐植質及其他植物等具吸收大量水分的功能。

　　(3) 由於植物枝葉層下之土壤，因團粒結構及腐爛根群遺留孔隙的作用，有利於水分滲入土中。

　　(4) 由於植物根群之效應，植物根群於深入裂縫後可以增加土壤層的深度，增加土壤保水能力。

　　(5) 植被良好地區，逕流受植物阻礙，流速減低，增加入滲土壤水量，逕流量因而減少。

　　(6) 一般森林之複層林冠如針闊葉樹混交林地區，最上層有常綠針葉樹，中層有闊葉樹，下層有蕨類、草類及地被植物等，具多層林冠，對尖峰逕流量之減低效果，大於一般純林的植被地區。

　　由上述說明可知，森林具減緩地表逕流之能力，而森林若經伐採，其水文歷線將產生變化，洪峰流量將增加，並提早到達（圖2-28），增加下游發生洪患的可能。

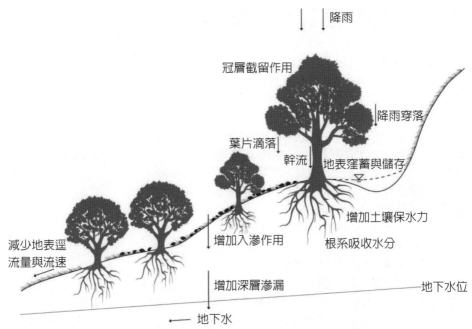

降雨

冠層截留作用

降雨穿落

葉片滴落

幹流

地表窪蓄與儲存

增加土壤保水力

減少地表逕流量與流速

增加入滲作用

根系吸收水分

增加深層滲漏

地下水位

地下水

圖2-27 森林植物對水文循環之影響示意圖

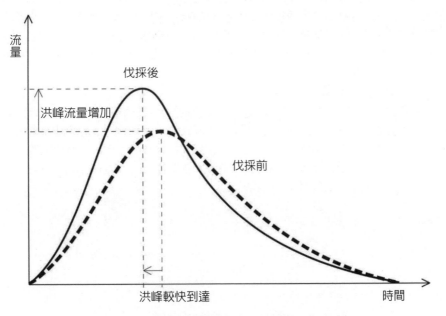

流量

伐採後

洪峰流量增加

伐採前

洪峰較快到達

時間

圖2-28 森林伐採後水文歷線變化示意圖

2-17 植物群落與水文循環（二）

3. 樹冠截留量

　　降雨通過森林植被到達地面前，在接觸到林木樹冠層時，部分被截留或附著於樹冠層者稱為樹冠截留。樹冠截留部分降雨，儲存於樹木的葉片與枝幹之中，並且以蒸散或蒸發方式回歸到大氣中，因此樹冠截留減少了降雨到達地表面的量體與比率。在降雨初期或降雨強度較小時，降雨量被樹冠截留比率（或稱樹冠截留率）可達100%；在降雨強度較大時，其截留率可能小於或略等於25%。一般而言；臺灣植被覆蓋良好之地區，一年的降雨之平均截留率可產生30%的截留效果。

　　而未被截留之雨水，則以三種形式到達地面：

(1) 直接穿落（through fall, T_h）

　　雨水直接穿過樹冠枝葉間隙及植株間之空隙。

(2) 樹幹流（stem flow, S_f）

　　雨水沿著植物莖或樹幹流下之情形。

(3) 葉片滴下（或稱林內滴落）（drips, D_r）

　　樹葉滴落下的雨滴，包括雨滴打擊植物葉片時分解而成之小雨滴（雨滴直徑<1mm）及雨滴被樹葉、樹幹表面暫時儲存並結合為一之雨滴，以大顆粒（雨滴直徑>5mm）滴落到地面。

　　而樹種、樹齡、鬱閉度、枝幹形態、樹皮粗糙度、葉型態特性等會影響樹冠截留量。如針葉樹林因總單位表面積較大，通常能截留的降雨量較闊葉樹林多，闊葉樹林則較草原多；同為闊葉樹種，其樹冠與枝幹之形態差異亦影響截留量，通常枝幹水平伸展的樹種截留量最大，銳角或下垂枝幹的截留量次之。而相同樹種，壯齡林所截留的降水量較幼齡林為多。

4. 森林之增雨作用

　　森林對於一定範圍內的大氣有促進水蒸氣凝結的作用，因樹木能捕捉霧滴，亦能使風有上升之傾向，誘致降雨。於美國加州威爾遜山之觀察中，在實施造林後，該地區之雨量即有年年增加之趨勢。其中以霧滴補捉之作用較明顯，林內雨量為林外之2~2.7倍。森林使風上升而致雨的量並不多，於溫帶地區約為3%以下，而在平原較少、地形陡峻複雜的臺灣則有較明顯的效果。

樹枝型態	垂直	銳角	下垂	水平
	垂直枝幹的截留量較小	銳角或下垂枝幹的截留量次之		水平伸展的枝幹截留量較大
樹皮粗糙度	光滑	粗糙	礫狀	狀、菱形方塊狀
	光滑樹幹粗糙度小截留效果較小	截留量次之		樹幹粗糙度大降雨截留量較大
葉片型態	光滑面	垂直生長	有絨毛	密針狀
	葉片光滑粗糙度小，截留量較小		絨毛葉片上雨滴易停留，截留量次之	每針狀葉可截留一雨滴，截留量較大

圖2-29　樹木枝幹與葉片型態對降雨截留量的影響

2-18 植物與邊坡穩定（一）

1. 植物對邊坡穩定之影響因素

植物對邊坡穩定性之影響，包括水文機制效應與力學機制效應兩部分，如表2-5與圖2-30。

2. 植物對邊坡穩定之力學機制

(1) 土根系統網結作用

根系之存在對地表風化之碎屑岩層或含有機質之表層土壤具有網狀固結作用。伸入土層的根系可增加土壤之凝聚力，及深入岩層之根系網結作用，具抗拉斷之作用（根段張力強度），可增加土壤抗剪強度，統稱為土根系統之根系補強作用。

(2) 錨定與拱壁作用

樹種之主根穿透進入土壤深層產生錨定作用以避免下坡面之運移。樹木主根之根樁如邊坡穩定之錨定作用一樣，可支撐上坡面之土層，防止向下移動。樹木與樹木之間距若太大，未受錨定支撐之土體部分會崩壞；通常在樹木間距較小時，其上方土層會產生拱壁作用，而不至滑落（圖2-31）。拱壁作用大小受下列三點所影響：

① 樹木之直徑、間隔距離以及根系向下伸展情形。
② 坡面破碎層傾角與土層深度。
③ 土壤之剪力強度。

(3) 樹木荷重作用

超載荷重係由坡面之植生所造成，通常僅樹木有此效應，因為草類之重量與樹木之重量相較甚小，因此忽略不予考慮。一般通常將超載荷重視為負面效應，但其亦可能對坡面是有助益的，端視坡面的地質條件、植生的分布狀況以及土壤本身的性質而定。上坡面之超載荷重會減少土體的穩定性，而下坡面之樹木根系則具有樁之支撐作用，有助於土體之安定。因此裸坡面之植栽一般以種植深根性樹種為宜，不宜種植針葉樹造林樹種，因針葉樹呈垂直向上生長，通常根莖比（T/R ratio）低，易致坡面不安定。如擬種植針葉樹種，則以栽植於坡腳或緩衝區為宜（圖2-32）。

另考量臨界破壞面時，樹木的重力中心對坡面會產生一個恢復力矩，當絕大多數之樹木生長於下坡面時，此現象最為顯著。超載荷重之分量會增加摩擦阻抗，有助於抑制滑動面的破壞。

表2-5　植生對邊坡穩定的影響作用一覽表

水文機制		效應	力學機制		效應
冠層或葉片截留作用	1. 林內雨量減少，土壤入滲量減少。	+	土根系統網結作用	1. 限制土粒移動，減少沖蝕。	+
	2. 減少雨滴動量，降低沖蝕量。	+		2. 根系增加剪力強度。	+
	3. 雨滴由葉片再滴下，局部強度變大。	-		3. 根系形成網狀，網結下方土層。	+
根基與枯枝葉作用	1. 地表儲蓄水增加，更多入滲。	-/+	根系穿透土層作用	1. 錨定入深層，形成保護層。	+
	2. 地面糙度增加，降低水流。	+		2. 支撐上邊坡形成拱狀（拱壁作用）。	+
	3. 不均勻的植生可能造成集中水流速度增加。	-	樹木荷重作用	1. 增加邊坡載重，垂直重及滑下的力皆增加。	-/+
含根土層作用	1. 縫隙增加入滲。	-		2. 承受風的作用。	-
	2. 吸水產生蒸散，降低孔隙水壓力，增加張力進而增加土壤強度。	+	地表植生覆蓋作用	1. 車輛等外力干擾作用之緩衝，保護地表。	+
	3. 促進乾濕裂隙的生成，造成較多入滲。	-		2. 保護地表避免受水流沖蝕。	+

備註：1.資料來源：修改自 Coppin and Richards（1990）。
　　　2.「-」為有害的效應，即植物之存在不利於邊坡穩定。
　　　3.「+」為有益的效應，即植物（特別指樹木）之存在有利於邊坡穩定。

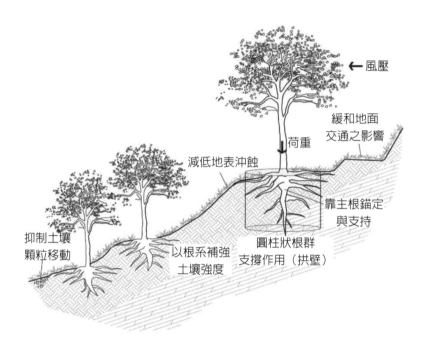

圖2-30　植物對邊坡穩定之影響機制示意圖

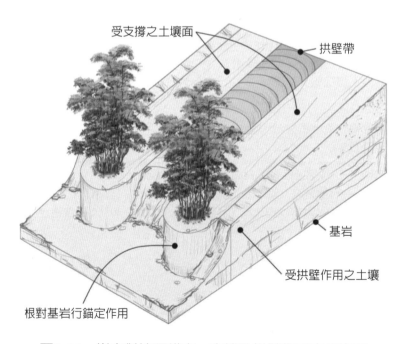

圖2-31　樹木對坡面錨定、支撐及拱壁作用之示意圖

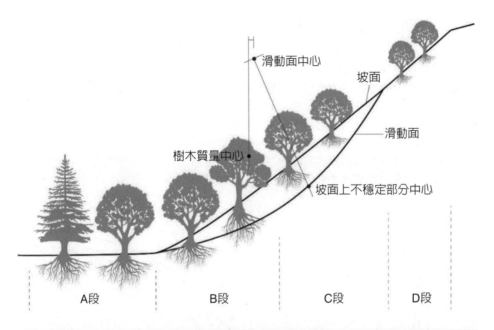

滑動面中心
坡面
滑動面
樹木質量中心
坡面上不穩定部分中心

A段　　　　B段　　　　C段　　　　D段

坡面區位	說明
A 段	樹木根系具樁之作用，樹木群落具有緩衝帶之功能。其中針葉樹種通常T/R 比較大，較不適宜在不安定之坡面上種植。
B 段	滑動面之土層較淺，深根性樹木之根系具有錨定及樁之作用，有助於坡面安定。滑動體之前端（趾部）如有裂隙或鬆方土石堆積，以栽植能快速萌芽生根、耐覆土之闊葉樹種為宜。
C 段	滑動面之土層較深，淺根性樹木之荷重可能影響坡面的安定。
D 段	陡坡面上以種植小喬木或灌木為主，不宜種植高大針葉樹。

圖2-32　樹木超載荷重對坡面安定之影響

2-19 植物與邊坡穩定（二）

(4) 植生對坡面保護作用

　　植生對地面物理作用的重要性可以經由伐木後之現象得到證明，如圖2-33。伐木後植生之再生長雖可減少沖蝕的比率，但約五到七年，原先植物的根系枯朽腐爛之後，其對土壤之錨定、網結及固土等保護作用消失；而新生植物之根系未能取代原有根系之物理作用，致使土壤土體崩解而導致土壤迅速的流失。另由於道路等人為開發，將植生伐除，土壤沖蝕及崩塌現象因地表面的保護層遭到移除而急速的增加，尤其特殊地泥岩地區之莿竹林更為典型，如圖2-34。

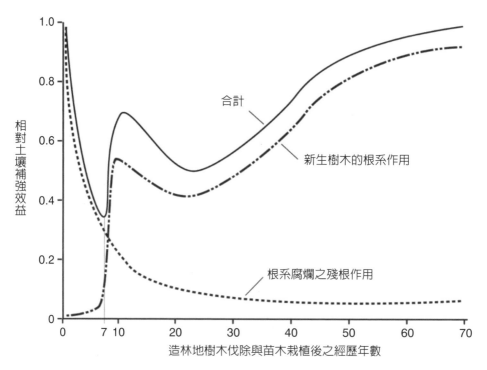

圖2-33　樹木伐除暨苗木栽植後對土壤補強效益之經年變化

 1. 因莿竹耐旱性佳，早期多種植於泥岩地區，形成大面積莿竹（長枝竹）林。	 2. 因道路開發或降雨沖蝕，導致沖蝕溝產生。
 3. 土壤沖蝕導致莿竹（長枝竹）根系裸露，造成整叢莿竹向下滑落。	 4. 因泥岩地區週期性沖蝕，使得莿竹（長枝竹）林發生週期性崩塌滑落。
 5. 泥岩地區地形陡峭且為大面積裸露，而崩落莿竹林會於坡腳平緩處持續生長。	 莿竹林林相（泥岩地區）
 莿竹林叢崩塌實例照片（道路邊坡）	 莿竹林叢崩塌實例照片（泥岩地區）

圖2-34　莿竹林地區典型崩塌模式（示意圖與照片例）

2-20 植物與邊坡穩定（三）

3. 不同植物種類之邊坡穩定效益

(1) 不同植被根系之邊坡補強效益

　　植物根系的深淺及型態關乎其對邊坡的補強效應。一般而言；草本植物根系較淺，對表土沖蝕保護的功能較高；而隨著根系深度增加，對土壤強度的影響範圍也增加，如圖2-35。

　　草本植物根系因屬鬚根系、根系深度甚淺，根系極少伸入岩盤與風化土層之盤結力量太差，土壤含水量過高時易引起淺層崩塌。一般而言，坡面愈陡，木本植物之根系愈往山側伸長。其根系之先端若有風化土層，根系即伸入其中盤結風化土層，因此其土壤補強功能較高。

(2) 樹木根系類型與邊坡穩定功能

① 樹木根系類型概分

　　樹木所能提供之邊坡穩定效益受其根系深度及密度之影響。一般而言，按根系深度可分為深根性、中根性、淺根性三種根系型態（圖2-36），其中，依水土保持特定用途又可分為防塌型、固土型、防風型，如表2-6。

② 不同樹木根系類型的補強效益

　　植物根系的深淺以及型態關乎邊坡的補強效應；通常深根型木本植物，在邊坡穩定之力學特性方面，其錨定穩定力自然優於其他根系；而淺根型木本植物根系多密布於表土層，其網結作用可使表層土固結強化，但下方沖蝕或根系露出的情況下，易因風之作用而倒伏或滑落。

(3) 播種木與植栽木之差異

　　植栽木（扦插苗）與播種木（現地實生苗），其所形成的群落機能有別，茲以其根系形態之特徵差異，如圖2-37。說明如下：

① 播種木根系較植栽木發達

　　播種木之細根系量少，主根粗而長，較地上部旺盛。植栽木之細根系數多，主根細短，或缺少主根（支柱根），地下部與地上部重量之比值較小。這些差異在生育基盤硬，立地條件差的地方更顯著。

② 播種木根系之抗拔強度較植栽木大

　　播種木因主根（軸根、胚根）之正常發展及根系之錯綜交結成網狀，抑制崩塌效果大。又根系伸入裂隙，提高對崩塌的抑制力（土壤保育力、土壤盤結力）。植栽木因與鄰接木之網結少，風化土層之抗剪強度較弱的部分易發生剪力破壞。

③ 播種木抗天然災害力強

　　播種木會自然淘汰，進行密度管理，群落整體的防災力強。而植栽的樹木係單純構造的樹木集合體，很難形成樹木互相結合的群落。

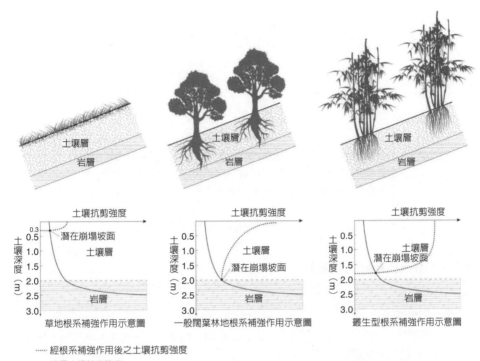

草生地崩塌面情形　　　閣葉樹（梅樹）根系生長情形　叢生竹（刺竹）根系生長情形

圖2-35　不同植物根系之土壤補強作用示意圖與照片例

淺根性

水平根發達，
不具明顯主根，
深度常小於2m
根系集中於表層
土壤。

中根性
（角形根系）

主根略大於側根或水
平根，常呈直角狀分
岔，主根深度可大於
2m。

深根性

有明顯主根，
垂直根較長，
深度可達
2.5~3m。

圖2-36　木本植物根系類型概要分類

表2-6　樹木根系類型與說明

區分方式	植物根系類型	定義	代表樹種
根系深淺	深根性植物	具明顯主根生長型態，主根呈現直徑遞減，即主根向下生長呈等比率直徑減小情形，深度可達 2.5~3m；水平根之伸展範圍略大於樹冠範圍。	無患子、相思樹、欅、朴樹、苦棟、木麻黃、樟樹、大葉桃花心木。
	中根性植物	主根生長略大於側根或水平根，但有時不甚顯著，主根深度可大於 2m；水平根系伸展範圍約可達樹冠範圍之 1.5 倍。相鄰根系粗細度相似，常呈直角狀分岔。	茄苳、欖仁、白雞油、桃、梅、烏心石。
	淺根性植物	不具主根生長優勢，根系深度常小於 2m；水平根系伸展範圍約可達樹冠範圍之 2 倍。	竹類、黃槿、臺灣二葉松、黑板樹、黃槐、菩提樹、山黃麻。
水土保持特定用途	固土防塌型	根系深度較深且根系密度較高，可固結土壤與錨定作用。	相思樹、九芎、臺灣赤楊、野桐。
	防風抗風型	多為中根性，或兼具水平根與垂直根系，根系密布較高，可穩定生長。	木麻黃類、朴樹、無葉檉柳、瓊崖海棠、大葉山欖。
	濱水護岸型	多為水平根系發達，根系密度高，抗地表沖蝕作用強（水柳等濱水植物有時可達樹冠之 5 倍範圍）（圖 2-38）。	稜果榕、土沉香、茄苳。

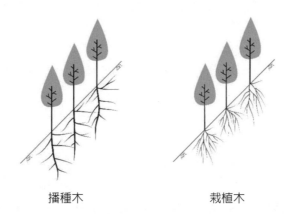

播種木　　　　　　　　　　　栽植木

圖2-37　播種木與栽植木根系之差異示意圖

九芎植生木樁二年後苗木之根系生長情形　　水柳植生木樁二年後苗木根系生長情形

濱水地區水柳水平根系伸展情形照片

圖2-38　植生木樁苗木生長情形（卑南溪河岸柳枝工施作地點）

第3章
植栽工法

3-1 植栽工法應用植物材料（一）

1. 選擇要件

(1) 喬木植物材料

① 全株不可有嚴重受損之傷口痕跡。

② 全株樹皮或枝葉無寄生蟲體、蟲孔、病徵或病斑。

③ 樹冠下方具明顯單一主幹，主幹先端無膨大現象且直立不可有彎曲。

④ 根系擴張及細根發育良好，無腐根、受傷、二段根、偏側根等情形，且根系和土壤充分密接者。

(2) 灌木植物材料

① 全株不可有嚴重受損之傷口痕跡。

② 全株樹皮或枝葉無寄生蟲體、蟲孔、病徵或病斑。

③ 分枝點不宜過高。節間長度適當，無細弱徒長。

④ 分枝茂密，使樹冠形成緊密圓形或橢圓形。

⑤ 盆栽苗之根群已長至盆緣或底部，根尖呈健康透明狀白色。

(3) 地被植物材料

① 多汁的枝葉飽滿、挺立，無軟弱下垂現象。

② 植株無蟲體、蟲孔、病斑或葉片枯黃現象。

③ 節間長度適當，無細弱徒長現象。

④ 枝葉茂密，覆蓋緊密，無稀疏、開張現象。

⑤ 盆栽苗之根群已長至盆緣或底部，根尖呈健康透明狀白色。

(4) 草花材料

① 多汁的枝葉飽滿、挺立，無軟弱下垂現象。

② 植株無蟲體、蟲孔、病斑或葉片枯黃現象。

③ 節間長度適當，無細弱徒長現象。

④ 盆栽苗之根群已長至盆緣或底部，根尖呈健康透明狀白色。

⑤ 苗株高度在15~20cm以下。

⑥ 植株可見多數已成形花苞，並且部分花苞已著色。

有關植栽工法應用喬木、灌木、地被及草花等植物材料之選擇要件如圖3-1。

喬木植物				

不可有嚴重傷口	不可有蟲孔病斑	不可膨大彎曲	不可有腐根	具明顯單一主幹

灌木植物				
不可有嚴重傷口	不可有蟲孔病斑	不可有徒長枝	樹冠需緊密圓形	根系需生長至盆底

地被植物				
不可有枝葉下垂	不可有蟲孔病斑	不可有徒長枝	枝葉茂密覆蓋	根系需生長至盆底

草花				
不可有枝葉下垂	不可有蟲孔病斑	不可有徒長枝	根系需生長至盆底	苗株高需低於20cm

需有多數著色花苞

圖3-1 植栽工法應用植物材料之選擇要件示意圖

3-2 植栽工法應用植物材料（二）

2. 苗木之培育

常用的苗木培育方法可概分為土球苗、壓條苗、容器苗。

(1) 土球苗

對以露根方式難存活之樹種，可行帶土球移植，如月橘、玉蘭、竹類等。一般移植土球直徑在30cm以下的小土球苗時，可採用塑料布臨時包裝，運抵栽苗區後撤除即可。如為較大土球苗木，需使用麻布草繩包紮，以避免土球的散裂，如圖3-3。

(2) 壓條苗（嫁接苗）

將未脫離母株的枝條壓於土壤或其他濕潤物中，促使其生根，再與母株切斷，成為獨立苗木。壓條所需的水分、養分均由母株供應，而埋入土中的部分有黃化作用，生根比較可靠，成苗快。一般扦插生根困難或生根緩慢的樹種，採用壓條繁殖效果較好；然而嫁接苗木，成樹後可能頭重腳輕，產生不穩定之感如圖3-4。

(3) 容器苗

利用各種容器裝入培養基質培育苗木，稱為容器栽培或容器育苗。依據不同容器類型亦可分為塑膠袋育苗、塑膠軟盆育苗、塑膠硬盆育苗、穴植管育苗及不織布袋苗（美植袋苗）等，容器苗使用之容器類型如表3-1；不同容器苗培育情形如圖3-5所示。

3. 容器苗之優缺點

(1) 容器苗木穴植為目前植生綠化育苗作業廣泛採用的方式，先將植物材料於容器育苗袋中培育，或由小盆換至大盆培育後在穴植於地面上之植生方法，其優點如下：

　　① 以容器栽培之植物，其土壤基材較之於田間栽培苗木的土球不易鬆散，而可搬運容易。

　　② 因容器苗含帶土壤基材出圃植栽，苗木樹冠及根系可保持完整，幼苗恢復期短，成活率及成林率高。

　　③ 育苗時不受場地的限制，可因地制宜育苗，亦可工廠化大量生產。

　　④ 無移植衝擊問題，因而全年均可出售，種植較不受季節限制。

　　⑤ 可發展為自動化生產、管理的方式。

(2) 儘管容器育苗穴植的方式廣泛被採用，但根據近年來苗圃業者之反應，其仍有下列之缺失：

　　① 容器育苗易盤根，易造成植物生長衰退或死亡。為了避免盤根，必須週期性移位或換盆，亦即由小盆種起，再不斷的更換大盆，但換盆的費用高。

　　② 容器栽植的苗木生長速度較慢，延長了培育管理之時間，增加了成本。

　　③ 容器育苗集中培育，因密度高而改變使植株較細長，苗木栽植後易被風吹倒而造成傷害，故需立支柱，因而提高了生產成本。

　　④ 如使用較大型木箱栽植，成本高且搬運笨重。

　　⑤ 澆水、施肥及雜草控制等管理不易，影響栽植成本。

土球苗

壓條苗

容器苗

圖3-2 苗木培育方法示意圖

挖掘作業

苗木處理

土球苗（麻布包紮）

土球苗之土球易鬆脫

土球苗僅以塑膠繩包紮，易致土球脫落

圖3-3 小土球苗挖掘作業情形

欖仁嫁接小葉欖仁之苗木，成樹後易頭重腳輕

圖3-4　壓條苗（嫁接苗）照片例

表3-1　常用育苗容器類型

依材料分類	素燒盆	陶瓷盆	塑膠軟盆	不織布袋	木箱
依硬度分類	軟質			硬質	
	PVC 或 PE 穴植管或軟盆、塑膠袋、不織布袋、帆布袋等			聚乙烯盆、陶磁盆、混泥土盆、木製容器等	
依容積分類	大型（＞1 L）	中型（0.5~1 L）		小型（＜0.5 L）	
依形狀分類	四方形	圓桶形		楔形	

塑膠軟盆育苗（白千層種子繁殖）	塑膠軟盆育苗
塑膠硬盆育苗	塑膠硬盆育苗
不織布袋苗	大型不織布袋育苗
假植袋苗木	假植袋苗木

圖3-5　不同種類容器育苗照片例

3-3 植栽工法應用客土材料

1. 客土與表土

　　客土指為改善植生立地環境之土質條件及利於導入植物生長，於施工地點施放富含有機質且較佳物化性質之土壤。客土材料通常與原坡面土壤之性質不同，而將原坡面表土改良或添加有機質材料後，再施放於坡面上，供做植生基材之價值已異於原坡面土壤，亦屬客土之作業方法。

　　土壤表面富含有機質、養分及潛在種子，適宜植物生長，坡地開挖時應調查表土之厚度，採取地表30 cm內之表層土堆積於平坦地，以供日後坡面植生工程使用。堆積之表土在未使用前可先播草本植物種子，或蓋上膠布以防止土壤流失，供為播種或栽植時造成生育基盤之用，或可藉由潛在表土植物加速植生覆蓋效果。

2. 客土材料規劃設計考量要項

　　客土材料設計與施工方法參考如下：

　　(1) 規劃設計時，應說明有機質含量或肥力，避免使用田土、花土、沃土或有機質土等不易檢驗之名稱。

　　(2) 含有機質堆肥或客土材料應充分腐熟。

　　(3) 黏土含量不能太高，以免造成透水性不良，乾旱時龜裂及造成排水孔堵塞。

　　(4) 含石率不宜太高以免影響植物根系之正常生長。

　　(5) 盡量使用中性土壤，其電導度應符合適用性評估。

　　(6) 景觀、綠化工程土壤之規範及施行技術，建議土壤有機質總含量應達20%、腐植質達10%以上（體積比）、pH值依植栽種類不等（5.5~7.5）。

　　(7) 客土材料之適用性評估依據，如表3-2。

表3-2　客土材料適用性之評估依據（一般植生工程施工區）

項目	單位	適用等級			不適用
		良	普通	不良*	
質地	---	fLS，SL SSiL，SiL	SCL，CL SiCL，LS	C＜45% SC，SiC，S	C＞45%
含石率	體積%	＜5	5~10	10~15	＞15
有效含水量	體積%	＞20	15~20	10~15	＜10
pH值	---	5.5~7.0	5.0~5.5 7.0~7.5	4.5~5.0 7.5~8.0	＜4.5 ＞8.0
電導度**	mmhos/cm， μs/cm	＜2	2~4	4~8	＞8
全氮	重量%	＞0.2	0.05~0.2	＜0.05	---
全磷	mg/kg	＞37	27~37	＜27	---
有效性磷 （Bray No.1）	mg/kg	＞20	14~20	＜14	---
有效性鉀 （交換性鉀）	mg/kg	＞185	90~185	＜90	---
有機質含量***	%	＞3.0	2.1~3.0	1.1~2.0	＜1.0

（資料來源：修改自 Coppin and Richards，1990）

備註：

*：土壤適用性等級不良，需土質改良或施用添加物。

**：電導度（土壤飽和含水量抽出液測值，ECs）以 0.5~2.0μs/cm 較佳。如無小於 4μs/cm 之客土來源時，應使用耐鹽性之植物材料。

***：天然表土之有機值含量以 3~5% 較佳

SC：砂質黏土、SiC：粉質黏土、C：黏粒含量、CL：黏質壤土、LS：壤質砂土、

SL：砂質壤土、SiL：粉質壤土、fLS：細壤質砂土、SSiL：砂質粉壤土、

SCL：砂質黏壤土　SiCL：粉質黏壤土

客土堆置

客土整平

圖3-6　施工基地客土作業情形

3-4 草苗、草花、草藤苗栽（鋪）植（一）

1. 草苗栽植（扦插苗、分枝苗）

在坡面上沿著等高線，每隔適當距離種植草苗，以覆蓋坡面、防止沖蝕之植生方法。適用於一般填方或挖方土壤，其坡度緩於45°者；或土層深厚，施工容易之小面積坡面。

2. 草苗栽植之設計與施工方法（如圖3-7及圖3-8）

(1) 坡面整平後，沿等高線每隔40~50cm挖掘深寬各約10~15cm之植溝，溝底應稍內斜，以截蓄水分。

(2) 於溝內施放基肥，並與原土壤拌合，基肥施用量可以每m²施放有機肥2kg及台肥43號複合肥料0.05kg，或添加緩效性肥料。

(3) 植溝內每隔約15cm左右種植草苗一束，不同草種採隔行間植。苗高約10~15cm，充分壓實並澆水，至少2節埋入土中。草苗材料可使用分蘗苗、扦插苗或塑膠袋苗等。

(4) 宜儘量利用陰天或雨後土壤潮溼時種植，所採之草苗應放置陰涼處，但百喜草需澆水或適當浸水，並儘速種植。

(5) 百喜草與百慕達草隔行栽植或混合栽植時，由於百慕達草生長快速，可達到初期覆蓋效果，至後期則為百喜草生育良好。

(6) 如以直接挖穴扦插草苗，每m²應多於15穴。若使用塑膠袋苗，則栽植密度可視情況酌予減小。

(7) 植草完成後，應視需要澆水及除雜草並適當追肥。

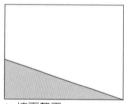

1. 坡面整平

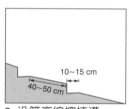

2. 沿等高線挖植溝

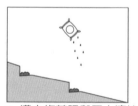

3. 溝內施基肥與原土壤拌合

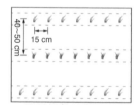

4. 等距扦植草苗，
   不同草種可隔行間植

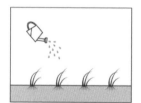

5. 充分壓實並澆水

圖3-7　草苗栽植作業流程示意圖

早期等高草苗栽植施工情形 | 等高草苗栽植施工成果
（左：百慕達草；右：小葉百喜草）

假儉草扦插苗採取 | 百喜草扦插法栽植

崩塌地（荒地）扦插法栽植 | 扦插法草苗栽植（蔓花生）

圖3-8　扦插法草苗栽植照片例

3-5 草苗、草花、草藤苗栽（鋪）植（二）

3. 草花栽植

草花類植物材料一般以3寸軟盆育苗，再移植到規劃地點栽植。適用於花壇、植栽槽、公園綠地等具觀賞性目的之植生場所。

4. 草花栽植之設計與施工方法（如圖3-9及圖3-10）

(1) 先將施工基地深25 cm內之雜草根株及石礫除去，耕鋤鬆軟及耙平，並注意排水。

(2) 加入適當的有機肥料，並與土壤充分的攪拌均勻，以促進草花的根部吸收。

(3) 草花具有高度的觀賞價值，通常進行小區塊花壇栽植或沿步道側、溪岸等列植。

(4) 於種植草花前先檢查育苗袋內有無雜草，若有需拔除，再將已培育完成之草花自容器或草袋中取出，至於穴內，周圍之空隙並須填實壓密。

(5) 種植草花的時間盡量避免選擇早上，以免種下後經陽光照射，草花失水。

(6) 植穴深度應與根球的大小相仿，使種下後的土面高度與原花壇的土壤高度相同。

(7) 每株草花苗的距離約15~25cm，距離過大顯得太疏，太密則有礙花苗生長；枝葉太密造成通風不良，容易感染病蟲害。

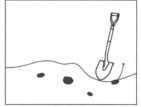

1. 選定種植範圍後，挖深25cm，清除土中有害植物根系生長之雜物

2. 剷平地表，做出有利排水的坡度

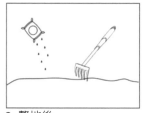

3. 整地後，鋪上約2.5cm厚之腐熟堆肥

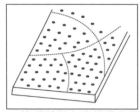

4. 依設計圖上之植株行距規定，挖出植穴

5. 將草花苗分別栽植於植穴內

6. 覆土後踏實土壤與澆水

圖3-9　草花栽植作業流程示意圖

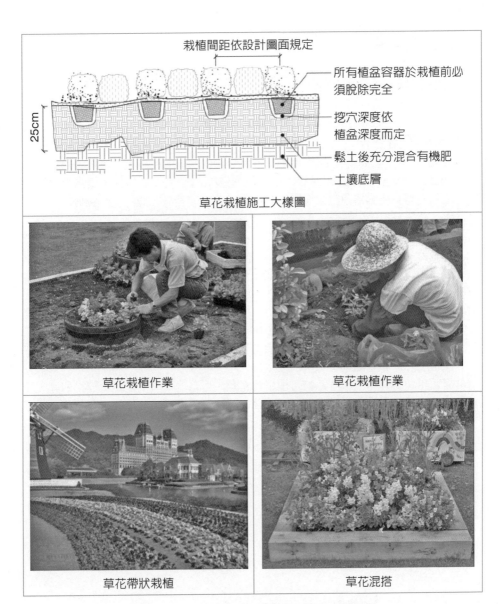

栽植間距依設計圖面規定

所有植盆容器於栽植前必
須脫除完全

挖穴深度依
植盆深度而定

鬆土後充分混合有機肥

土壤底層

25cm

草花栽植施工大樣圖

草花栽植作業

草花栽植作業

草花帶狀栽植

草花混搭

圖3-10　草花栽植作業示意圖及成果例

3-6 坡地草藤苗栽植

1. 草藤苗栽植（袋苗穴植）

植物材料於育苗袋內培育後再穴植於坡面上之植生方法。適用於土層薄、礫石含量多、植物生長不易且坡度緩於40°之坡面或需要綠美化之結構物。

2. 坡地草藤苗栽植之規劃設計

(1) 育苗：將表土堆肥及台肥43號複合肥料等均勻混合，其比率以$1m^3$土壤：100kg：堆肥：10kg複合肥料為原則，填裝於容器育苗容器內，供為栽培植物之用。塑膠袋容器通常直徑與高度各約25cm；容器底部應打孔5~10個，以供排水、透氣及根部生長。

(2) 將坡面危石清除並將沖蝕溝整平後，沿等高線挖植穴，其直徑深度需略大於育苗容器之大小。植穴配置法除設計圖說另有規定外，種植時沿等高線挖穴並以等邊三角形栽植。穴與穴之中心間距，視植物種類及立地條件而定。

(3) 必要時，坡面挖穴前，可先於坡頂及坡面構築簡易式V型溝或U型溝。

(4) 將已培育完成之育苗袋，置於穴內，植穴深度、直徑與育苗袋大小略同，並應割開或除去塑膠袋，周圍之空隙並須填實壓密。

(5) 育苗袋內可以草類或藤類等不同植物材料栽植，栽植後坡面再行點播或撒播草類種子，以加速覆蓋效果。

(6) 育苗用植物材料，草本植物可使用百喜草、百慕達草、培地茅、蟛蜞菊等，藤本植物可使用地錦（爬牆虎）、薜荔、越橘葉蔓榕等。栽植時，育苗袋之草苗長度需10cm以上，藤苗需25cm以上。

(7) 塑膠袋草藤苗穴植設計與施工例（圖3-11）。

現地草藤苗培育情形

泥岩地區草帶法草苗栽植施工情形（培地茅）　　培地茅栽植於泥岩地區

圖3-11　塑膠袋草藤苗穴植施工例

3-7 草皮鋪植與草莖鋪植（一）

　　將育成之草皮掘取並移植於所需鋪設之處，或將選定之草類種子放置於適當大小之土盤或苗床栽植後，連根帶莖及部分土壤一併移植到基地上。可藉草類茂密植株及根系盤結土壤，減低植生導入初期之土壤沖蝕，達到快速覆蓋之效果。

1. 草皮材料之培育

(1) 植生盤或植生介質培育

　　如為人工培育之草皮，可仿照水稻秧苗育苗盒之大小，盒內盛有機質土、複合肥料及具常綠匐匍性之草類種子，栽培1~2個月後移至基地使用。或如百慕達草等具淺根性走莖之草類，於平坦地面上鋪置塑膠布，塑膠布通常含有細孔以利排水且兩層重疊鋪設，上覆過篩土壤、甘蔗渣及有機肥料等混合物約3cm厚後，撒播種子並栽培1~2個月。

(2) 現地土壤培育

　　於一般農地土壤（壤土或黏質壤土）或鋪置砂土之地面上培育草皮材料，培成草皮後，可現場掘取寬1m左右之含土根草皮材料，並保留15~20cm寬之草皮於原地面上。地面上掘取草皮後可回鋪砂土或壤土，以促進其草皮之再生，掘取之草皮可將其切成30~45cm之塊狀草皮作為草皮材料。草皮材料之培育及掘取作業如圖3-13。

堤防坡面全面鋪植（台北草）

帶狀鋪植情形（日本崩塌地）

挖方坡面草皮鋪植（百喜草）

圖3-12　坡地上草皮鋪植應用照片例

百慕達草材料（植生介質培育）

百喜草草皮材料（育苗盆培育）

台北草草皮材料（現地土壤培育）

改良品系百慕達草材料（高爾夫球場）

假儉草草皮掘取情形(一)

假儉草草皮材料掘取情形（二）

地毯草草皮材料掘取後，需回鋪砂土以促進草類拓展

圖3-13　草皮材料培育與掘取照片例

3-8 草皮鋪植與草莖鋪植（二）

2. 草皮鋪植

(1) 草皮鋪植方式分類（圖3-14）

草皮鋪植方式依草皮或草毯間的距離可分為：

① 緊密鋪植

在規劃設計之植生工程區域全面鋪設現成草皮。一般用於坡度較大或需快速綠化覆蓋之裸露地。

② 帶狀鋪植

捲式草皮或切片草皮，帶狀間隔約30~40 cm，但坡地地區可配合等高栽植或階段處理，帶狀間隔可採1~2 m之間隔，單列或多條狀。

③ 間隙鋪植

植生工程規劃設計範圍內進行草皮鋪植，草皮覆蓋密度約為70~80%。一般用於坡度較緩，有綠化成本考量之區域。

(2) 草皮鋪植作業流程（以緊密鋪植為例，如圖3-15）。

① 選定種植範圍後，視地表土質情形挖深土壤10 cm以上，清除土中有害植物根系生長之雜物。

② 剷平地表後適度壓實，並做出有利排水的坡度。

③ 視需要撒布砂質壤土，以利草皮與土壤接觸。

④ 草皮挖起應有足量土壤與濕潤，存放不得超過72小時，應避免直接曝曬於日光下。運送及儲存草皮，需小心處理以免損壞草皮。

⑤ 鋪草皮前須將草皮略微撕開，以促進草根再生（較陡坡面可不加撕開草皮，以防止乾燥，但需以ㄇ型鐵釘或竹籤固定之）。依設計圖將草皮鋪植於地面，平地由內往外，坡地由上往下鋪植。

⑥ 鋪完草皮後，略鋪薄砂填補間隙並灌水，再將草皮鎮壓、滾平，使草根與土壤密接。

⑦ 完成後再次灌水以保持土壤濕度。

草皮鋪植作業情形，如圖3-16。

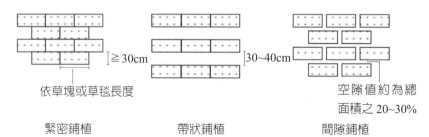

緊密鋪植　　　　　　帶狀鋪植　　　　　　間隙鋪植

圖3-14　不同草皮鋪植方式示意圖

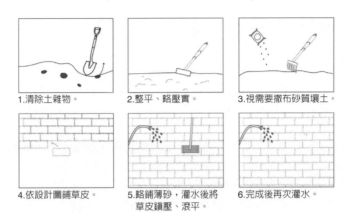

1.清除土雜物。　2.整平、略壓實。　3.視需要撒布砂質壤土。

4.依設計圖鋪草皮。　5.略鋪薄砂，灌水後將草皮鎮壓、滾平。　6.完成後再次灌水。

圖3-15　緊密草皮鋪植步驟示意圖

草皮挖取　　草皮緊密鋪植（地毯草）

草皮間隙需鋪置砂土以利草類覆蓋　　高爾夫球場草皮鋪植

草皮鋪植後壓實與灑水　　坡面上下行鋪植易造成沖蝕溝

圖3-16　綠地草皮鋪植作業情形照片例

3-9 草皮鋪植與草莖鋪植（三）

3. 草莖撒播

　　將草莖撒於整坡後之坡面，再利用機器進行輾壓、灑水及覆砂作業，2~3個月後可達全面覆蓋。適用於大面積之造園綠地廣場、高爾夫球場草皮或特殊用途之運動場草皮等。使用之草莖材料常為百慕達草或其改良品系，或走莖發達之草種。

(1) 設計與施工方法（以改良品系百慕達草用於高爾夫球場為例，如圖3-17）

　　① 將草類根莖切成3~5 cm，均勻撒布於經整地後之地表面。

　　② 撒佈草莖之數量，即撒布後播莖之覆蓋面積比約1/5~1/20左右。其中百慕達草品系（tifton）因生長快速，用量可較少，約為1/15~1/20。芝草屬之草類生長較慢，其撒布後之覆蓋面積約為1/5~1/10。

　　③ 草莖撒播後需淺層鋪砂或覆砂、土，並以滾筒式碾壓機碾壓。

　　④ 配合噴撒灌溉或水車灑水，以確保初期之發芽生長。

(2) 百慕達草改良品系之應用

　　百慕達改良品系甚多，原品系主要來自美國喬治亞州農業試驗所，大多節間較短，葉片細小及有走莖地下化之情形。作為果嶺用的品種，講求的是短節間、高株叢密度，主要之品系包括Tifgreen-328、Tifway-419等。有關其特性差異分述如表3-3。

表3-3　主要應用之百慕達草改良品系

品系名	品系來源	農藝性狀	適應性
Tifgreen-328	美國喬治亞洲農業試驗所、普通百慕與非洲百慕之配種三倍體	葉濃綠、細軟、密度大、矮生、節間較T-419短	低溫下葉片綠色保持不良、耐寒耐旱耐踐踏、回復能力高
Tifway-419	美國喬治亞洲農業試驗所、普通百慕與非洲百慕之配種三倍體	深根性、葉濃綠、質中細、中矮生、生長力旺盛	低溫下仍保綠色、耐寒、煙害抗力弱

1. 草皮挖取（改良品系百慕達草）

2. 挖取草皮後原地鋪砂，有助於後續草根生長

3. 草莖材料

4. 人工撒播草莖

5. 淺層鋪砂與草莖碾壓

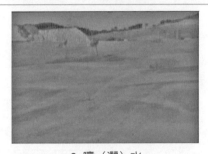

6. 噴（灑）水

7. 草皮生長初期適時薄層鋪砂有助於快速生長覆蓋

8. 果嶺草皮（Tifgreen-328）

圖3-17　高爾夫球場草莖撒播施工案例

3-10 苗木栽植作業流程

　　苗木栽植作業流程可概分為三部分，包括：栽植前準備作業（移植前修剪、斷根、挖掘、土球之包紮）、栽植作業（搬運、裝卸、植穴開挖、客土準備、定植及立支架）、與後續維護管理作業等，其作業流程圖如圖3-18，其細節與日程如圖3-19。

圖3-18　苗木栽植作業流程項目

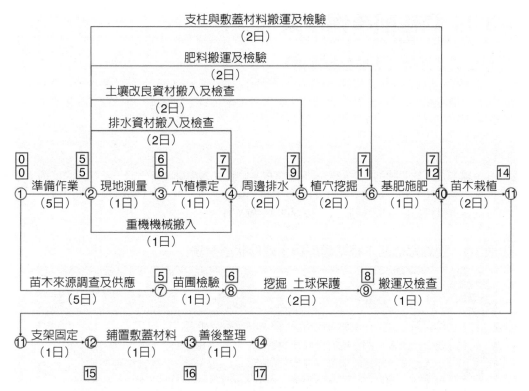

註：1. 仿中島宏（1992）修改（以胸徑10cm、土球苗栽植10株之作業量為基準）。

2. 如需斷根作業，需依實際斷根之時程修正之。

3. 方格內為完成時間點所需天數。

圖3-19　苗木栽植作業流程箭線圖

3-11 栽植前準備作業（一）

1. 土球苗掘苗（現地直接挖掘）

土球苗一般指不需斷根之較小苗木（通長米高徑小於10 cm），挖掘苗木前，應使地表土壤濕潤，必要時在兩天前灌水，以保持土球之黏性及完整。土球苗掘取後應包以草蓆或粗麻布。但小苗木或綠籬植栽苗木，則可視情況僅以草繩或塑膠繩包紮（圖3-20）。

(1) 土球形狀

土球苗之土球形狀通常為圓形，但仍需依植物根性類型做調整；而土球挖掘深度則依實際根系生長情況判斷之。土球直徑通常為樹幹基徑之3~5倍，並依根系類型做調整（或可直接由樹冠型態判定），如表3-4、圖3-21。

表3-4　現地栽植苗木根系類型與土球形狀對照表

植物根系類型	定義		根球直徑與深度	土球形狀
	林地樹木	一般苗木		
深根性植物	具明顯主根生長型態，主根呈現直徑遞減，即主根向下生長呈等比率直徑減小情形，深度可達 2.5~3m；水平根之伸展範圍略大於樹冠範圍。	具斜出根與垂下根，大根與細根分布集中於下層，深度可達90cm。	直徑為樹幹基徑 3 倍以上；深度依實際根系挖掘，較大於直徑。	倒卵型
中根性植物	主根生長略大於側根或水平根，但有時不甚顯著，主根深度可大於 2m；水平根系伸展範圍約可達樹冠範圍之 1.5 倍。相鄰根系粗細度相似，常呈直角狀分岔。	具水平根與斜出根，垂下根短淺，大根與細根及分布集中於上層，根系範圍狹、側根少。	直徑為樹幹基徑 4 倍以上；深度依實際根系挖掘，可約等於直徑大小。	正圓形
淺根性植物	不具主根生長優勢，根系深度常小於 2m；水平根系伸展範圍約可達樹冠範圍之 2 倍（柳樹等濱水植物有時可達樹冠之 5 倍範圍）。	水平根極為發達，垂下根極少或無，水平根自根株處四射而出，大根與細根集中於上層。	直徑為樹幹基徑 5 倍以上；深度依實際根系挖掘，較小於直徑。	扁圓形

備註：
1. 樹木根系之生長除樹種差異外，栽植地點上土壤、岩性、氣候環境等亦大大影響其根系生長。通常生長在砂質土之樹木根系較深，而生長在黏質土之樹木根系則較淺（Grayand Sotir, 1995）。
2. 另苗圃栽植之苗木，為使其挖掘容易，或期望其土層細根量增多，會定期於挖苗前期以淹水處理，使其深層根系斷落或不易生長（或稱水切法）。

灌木型樹冠   直立型樹冠

圖3-20　土球苗挖掘作業照片例

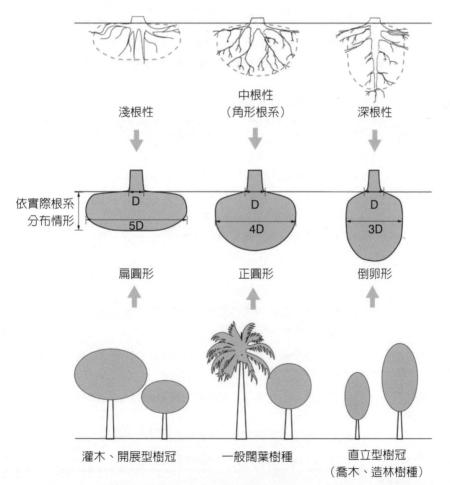

圖3-21　栽植苗木根系類型及樹冠形狀與土球形狀示意圖

3-12 栽植前準備作業（二）

(2) 土球苗挖掘作業

如以人工徒手進行挖掘根球時，其作業流程如圖3-22、表3-5。

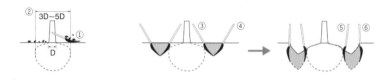

1.地表清理，土球大小決定　　　　2.周邊土壤挖掘

3.下方土壤挖掘　　4.繼根球下方主根與挖出　　5.土球保護

圖3-22　人工徒手進行挖掘根球作業流程示意圖

表3-5　人工徒手進行挖掘根球流程說明

項目	說明
1. 地表清理，土球大小決定	(1) 清除表土及草根莖、落葉等。 (2) 決定土球之大小，土球直徑為樹幹基徑之 3~5 倍。
2. 周邊土壤挖掘	(3) 斜外挖：自決定圓周處，鏟面朝外，由內往外斜向下約 60~80°，鏟斷根挖掘繞一周。 (4) 斜內鏟：自決定圓周處之外圍約 20cm 處，產面朝內，由外向內鏟，鏟除挖掘土方繞一周。 (5) 直外挖：自決定圓周處之外圍約 5cm 觸，鏟面朝外，幾近垂直向下鏟，斷根鏟切繞一周。 (6) 直內鏟：自垂直下鏟圓周處的外圍約 20cm 處，鏟面朝內，由外向內鏟除土方繞一周。
3. 下方土壤挖掘	(7) 自垂直下鏟圓周處，緊貼球面使鏟面斜下約 30~45°，斷根鏟切繞一周。
4. 斷根球下方主根與挖出	(8) 斷根球：自土球下方圓周處，鏟面略朝上（近水平）斷根鏟切繞一周。 (9) 依上述原則反覆處理至確實斷根後，即可將苗木根球部挖出。
5. 土球保護	(10) 將土球以塑膠網布、麻繩等材料捆包。

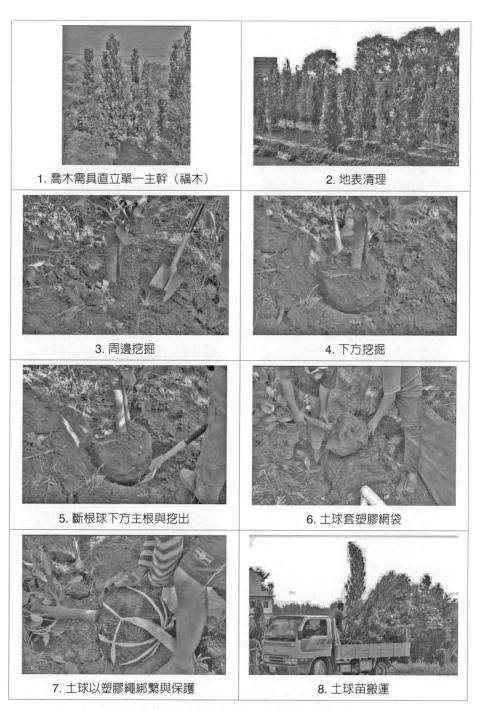

1. 喬木需具直立單一主幹（福木）　　2. 地表清理

3. 周邊挖掘　　4. 下方挖掘

5. 斷根球下方主根與挖出　　6. 土球套塑膠網袋

7. 土球以塑膠繩綁繫與保護　　8. 土球苗搬運

圖3-23　土球苗挖掘作業流程照片

3-13 栽植前準備作業（三）

2. 容器苗移苗

　　凡利用各種容器裝入培養基質培育苗木，稱為容器栽植或容器育苗。容器苗木培養多年後，軟盆苗根系發達易於竄出盆缽生長，若突然移植將會使根系受到傷害，而影響植物正常生理作用與成活率。因此，移苗前須先行修剪枝葉與竄出之根系，防止水分過度蒸散，經過恢復生長才可栽植。優良容器苗必備之條件如下：

(1) 容器材料必須考慮成本及使用目的。

(2) 地上部枝葉及頂芽完整，植株健壯，無新修剪之傷口，也無病蟲害發生。

(3) 根系完整地分布於容器內，無枯死之根系，也無扭曲根、纏繞根、盤根及二層根等畸形根系的發生。

(4) 新生根系至少占一定比例以上，且移去容器後提握植株幹莖時，原土球不會鬆脫碎裂情形。

(5) 容器苗之根團尺寸與植株高度應有適當之比例，如苗高30 cm以上，容器口徑應為3"以上；苗高60 cm以上，容器口徑應有6"以上。依小苗使用小容器，大苗使用大容器原則，苗木品質才能符合健康強壯的要求。

(6) 對於具有導根線、氣洞及促進空氣斷根的容器，可誘導發達纖細支根，俟根系完整，移植後可誘引根系往地表深處生長，減少根障發生而提高苗木之存活率。

(7) 若採用植生袋育苗，則底部四周縫合要密實，不可有破洞竄根之現象。

(8) 容器苗常見問題如圖3-24。

容器苗易產生盤根情形

苗木細根可穿透不織布袋體

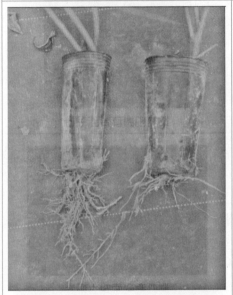

容器苗根系竄出盆缽生長,應盡量避免,
並需於栽植前修剪。

栽植密度大,易有苗木徒長之情形

造林苗木需根系發展良好

細長苗木不利植物後續生長

圖3-24　容器苗木材料常見問題

3-14 大型苗木斷根處理與移苗作業（一）

1. 大型苗木斷根處理與移苗作業流程

　　原則上，米高徑大於10 cm之大型苗木於掘苗前需先進行斷根處理，之後回填土壤，待一段時日再進行掘苗作業。其作業流程，如圖3-25。

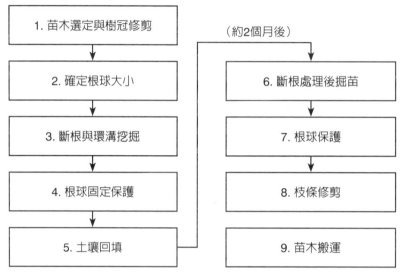

圖3-25　大型苗木斷根與移苗作業流程圖

2. 大型苗木斷根處理與移苗作業方法

　　大型苗木斷根處理作業方法說明與施工案例照片，如圖3-26。

作業方法示意圖	照片
1. 苗木選定與樹冠修剪 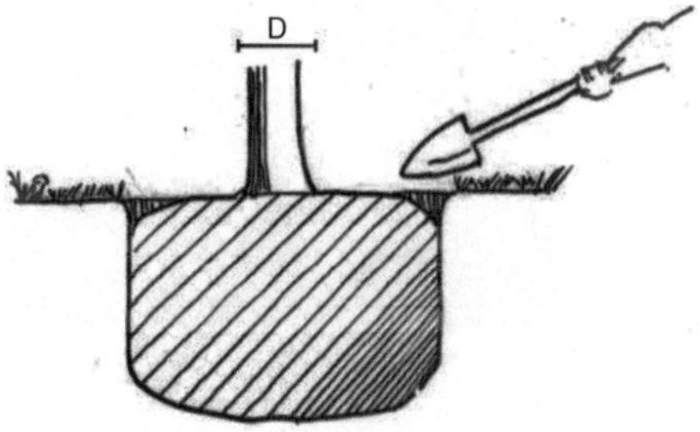 選定欲移植之苗木，並修剪樹冠，清除表土與枯枝落葉層。	
2. 確定根球大小 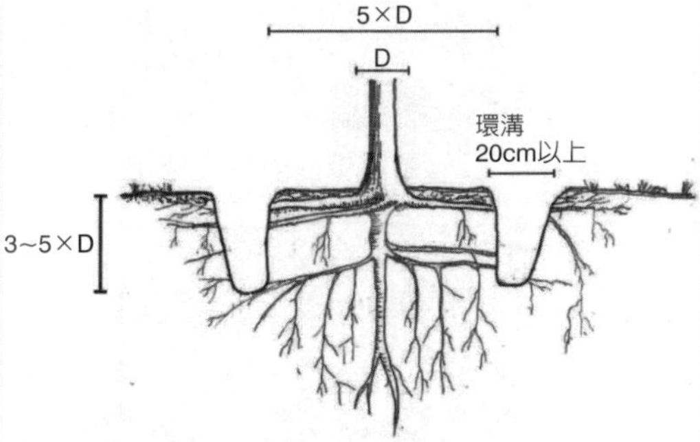 根球直徑一般以基徑約5倍為原則。沿植株周圍掘一環溝，剪掉露出的根。	 （基徑小於15cm之苗木）  （基徑大於30cm之苗木）

圖3-26 大型苗木斷根處理與移苗作業方法示意圖與照片例

作業方法示意圖	照片
3. 斷根與環溝挖掘 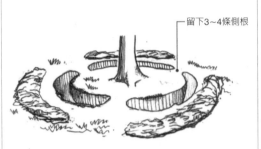 └ 留下3~4條側根 斷根時需考慮後續切根及土體固定作業而預留空間，挖掘也須配合側根根系生長位置。如需分為二次斷根時，將環溝分成數等份，每次斷根一半。必要時配合支柱固定之。	 （基徑小於15cm之苗木）  （基徑大於30cm之苗木）
4. 根球土體固定保護 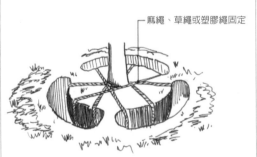 └ 麻繩、草繩或塑膠繩固定 以繩子綑綁固定根系與土體。繩子綑綁時，需穿入底層土後回包固定之。	 （基徑小於15cm之苗木）  （基徑大於30cm之苗木）

圖3-26　大型苗木斷根處理與移苗作業方法示意圖與照片例（續）

作業方法示意圖	照片

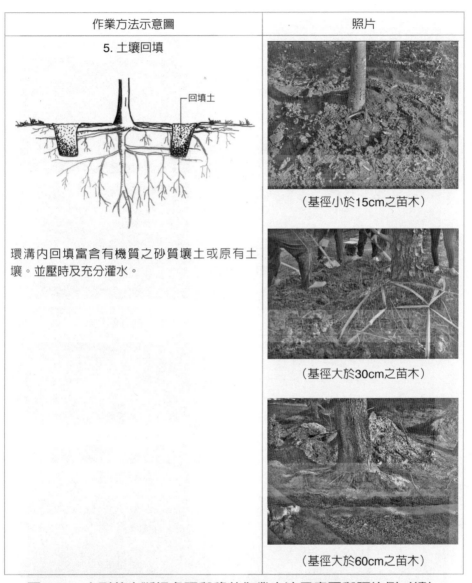

5. 土壤回填

環溝內回填富含有機質之砂質壤土或原有土壤。並壓時及充分灌水。

（基徑小於15cm之苗木）

（基徑大於30cm之苗木）

（基徑大於60cm之苗木）

圖3-26　大型苗木斷根處理與移苗作業方法示意圖與照片例（續）

作業方法示意圖	照片

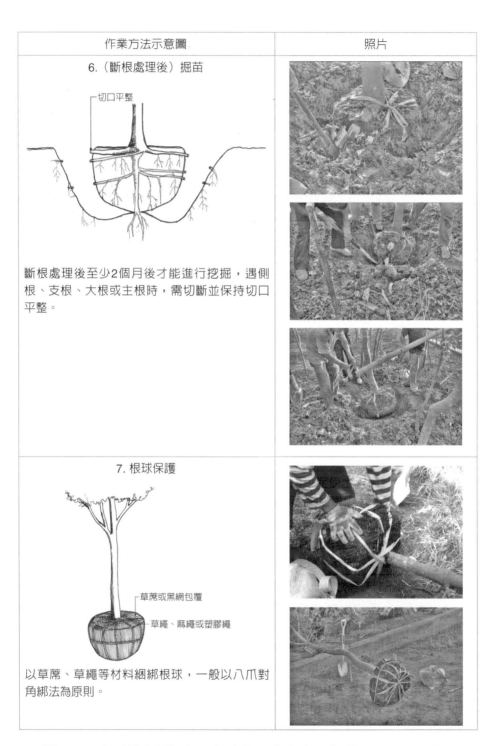

6.（斷根處理後）掘苗

切口平整

斷根處理後至少2個月後才能進行挖掘，遇側根、支根、大根或主根時，需切斷並保持切口平整。

7. 根球保護

草蓆或黑網包覆

草繩、麻繩或塑膠繩

以草蓆、草繩等材料綑綁根球，一般以八爪對角綁法為原則。

圖3-26　大型苗木斷根處理與移苗作業方法示意圖與照片例（續）

作業方法示意圖	照片

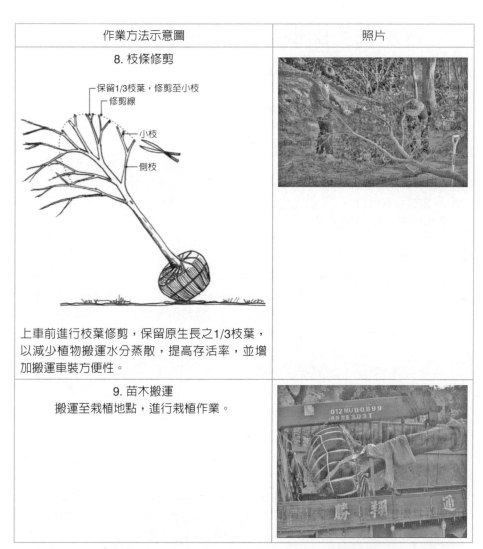

8. 枝條修剪

保留1/3枝葉，修剪至小枝
修剪線
小枝
側枝

上車前進行枝葉修剪，保留原生長之1/3枝葉，以減少植物搬運水分蒸散，提高存活率，並增加搬運車裝方便性。

9. 苗木搬運
搬運至栽植地點，進行栽植作業。

圖3-26　大型苗木斷根處理與移苗作業方法示意圖與照片例（續）

3-15 大型苗木斷根處理與移苗作業（二）

(4) 苗木斷根與移苗作業時需注意與配合事項

　① 斷根前樹冠整枝與修剪原則

　　A. 喬木主幹高度1m以下，不影響樹形之低分枝應先行剪除。

　　B. 視需要先進行修枝。所有枯萎枝、病蟲害枝及徒長枝均應剪除，纏繞其上的蔓藤亦應清除。

　　C. 闊葉樹主幹高度應加以保留，避免截短，主幹之分枝應保留至少1/3長度，以保持該樹種良好樹形為原則。針葉樹之樹冠全部保留為原則。棕櫚科葉片數最多剪除1/2，其餘保留之葉片，每葉面積得剪除1/2。

　② 斷根處理與根球挖掘原則

　　A. 以切根或環狀剝皮處理，使根球部位之細根充分生長，並抑制主根過分延伸，以利移植作業順利。

　　B. 斷根次數應依植物種類而作彈性調整之。原則上，米高徑D≦10cm者不斷根，10＜D≦30cm者斷根一次，D＞30cm者斷根二次。兩次斷根作業間隔時間應至少為45~60日以上。（臺北市樹木移植作業規範：第二次斷根在第一次斷根後60~90日，最後一次斷根至移植時間為60~90日）

　　C. 斷根前應先勘查現地環境，以決定是否應先立保護架，以免作業中有發生傾倒之虞。斷根後，為避免強風使樹木倒伏及傷害剛長出之新根，應視需要立保護架加強支撐。

　　D. 斷根前五天需充分灌水，並確定根球之大小，以能保存最大根系範圍為原則。

　　E. 斷根處理時，所斷之細根應以剪刀修平，大根則以鋸子鋸斷，再以刀削平切口。其所使用之工具必須優良而鋒利，務使其傷口平滑，以助癒合並快速長出新根。

　③ 樹冠與根系修剪及斷根後之藥劑處理包括應於葉面及樹幹上噴施抗蒸散劑以防止植物水分散失過多。根部經切除之部位應視需要塗抹發根激素，以促進新根生長。並施用殺菌劑或樹漆等傷口防護塗料以防細菌感染。

　④ 不同苗木其移植後成活之難易程度及適期（表3-6及表3-7）略有所差異，仍需視實際情形進行移植作業，儘量避免移植較難成活之苗木。

　⑤ 修剪及斷根後至定植前，植栽仍須辦理澆水、噴藥等必要之養護工作，以保持植株優良成長，俾利移植作業之進行。

表3-6 大型苗木移植成活難易情形表

成活難易程度	容易	較為困難	困難
苗木種類	黑板樹、肯氏南洋杉、艷紫荊、茄苳、榕樹（正榕）、木棉、阿勃勒、黃椰子、菩提樹、臺灣欒樹、楓香、欖仁、蘇鐵	小葉南洋杉、錫蘭橄欖、大花紫薇、蒲葵、大葉山欖、烏臼、大王椰子	相思樹、樟樹、檸檬桉、福木、瓊崖海棠、銀樺、毛柿、黑松、苦楝

資料來源：綠化維護技術訓練研習教材

表3-7 大型苗木移植適期

樹木種類	樹種例	移植適期
常綠樹種	榕樹、樟樹	早春萌芽前約一個月期間，春雨期最佳，1 月至 4 月。
落葉樹種	山櫻花	落葉後至萌發新芽前的休眠期間，11 月至翌年 3 月。
棕櫚科	大王椰子	春夏萌芽與夏季生長旺季，6 月至 10 月。
針葉樹	小葉南洋杉	冬季低溫的休眠期間，12 月至翌年 2 月。

整理自臺北市樹木移植作業規範（2014）

＋知識補充站

　　斷根處理作業依樹種及現地生長情況而異，如樟樹等深根系樹種，建議米高徑8cm以上即需斷根，但茄苳等樹種生根快速，米徑30cm也可能不需斷根即可移植成活。因此移植斷根作業方法，需視樹種、立地條件等不同酌以調整。可洽詢在地有經驗人員，或參考相關移植成功案例。

3-16 苗木栽植作業（一）

1. 苗木栽植作業相關名詞

表3-8　苗木栽植（移植）常用名詞解釋

名詞	內容
移植	將樹木從原種植地點遷移到其他地點種植。
定植	將樹木移植到固定的地點，種植後不再遷移。
假植	屬臨時埋栽性質之種植稱之。
修剪	選擇性去除樹體的部分以達成特定的目的及目標。
疏枝	將過多或密集不良的枝條去除，以降低枝條密度。
疏芽	將過多或密集的新芽去除，避免日後成長過多枝條。
斷根	移植前將根部局部切斷，以促使根系再生，以利移植後水分養分的吸收，提高存活率。
根球	移植時配合主要根群及保留原附著土壤挖掘的範圍。
客土	非當地原有的土壤、由別處移來用於置換原有土壤的外來土壤。
集水坑	於樹幹基部地表外圍以土築成環狀土堤，藉以蓄水。
追肥	在樹木生長過程中追加的肥料。
米高徑	距地面 1m 處的樹幹直徑。
胸徑	胸高直徑，立木離地面 1.3m 處，樹幹連皮直徑。
基徑	樹木地面根頸部位（距地面約 10cm 處）的樹幹直徑。

註：整理自臺北市樹木移植作業規範（2014）

2. 作業項目與流程

　　苗木栽植（定植）作業流程及相關注意事項如圖3-27。

1. 栽植穴挖掘及施用基肥	2. 植入苗木
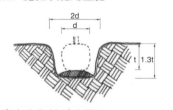 植穴寬度約為根球的兩倍，深度大於根球高度的1.3倍。植穴底部放入表土或含腐熟堆肥之客土。	 架設道板滑板，並將植栽放置於道板上，緩慢移入土根球後，取走道板

圖3-27　苗木栽植（定植）作業流程說明暨示意圖

3. 將苗木扶正	4. 回填土壤
 富含有機質底土	 保水劑 或土壤改良劑 回填土
植栽苗木完全置入植穴後，可用繩索補助旋轉施工作業，避免危險。	回填土壤至植穴中，並於根球附近放置保水劑或土壤改良劑。
5. 灌水	6. 修剪與樹幹保護
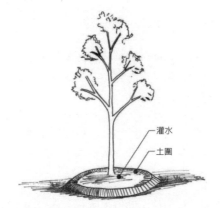 灌水 土圍	 草蓆
於樹幹周圍構築土圍或挖掘注水槽，並澆水。	修剪枝葉，並於樹幹上包覆稻草蓆。
7. 立支柱	8. 後續維護管理
 支架固定	
視現地需求以支架固定苗木	灌溉、施肥、刈草除蔓、修枝…等。

圖3-27　苗木栽植（定植）作業流程說明暨示意圖（續）

3-17 苗木栽植作業（二）

3. 作業項目與說明

(1) 搬運與裝卸

苗木掘苗後，搬運過程中根球、莖幹、枝條應妥善包裏保護，避免遭受損害及陽光直接曝曬，以減少其水分蒸散，並立刻運搬到栽植地點進行栽植作業。

包裏材料應儘量選用自然材質，若使用不可分解之材質，則應於覆土定植前拆除。吊運時須以軟厚的材料包裏保護；長距 運輸時，應以網布覆蓋； 新植地點不能馬上種植，須遮陰、灑水，或因數量較大需分批進行，則必須先予以假植。

(2) 栽植穴挖掘及施用基肥

依設計圖於現場標示預定種植位置，挖掘植穴。植穴寬度以根球的兩倍為宜，植穴深度應大於樹木根球高度之1.3倍。挖掘時，表土與心土應分開放置於植穴的兩側；植穴底部放入表土或富含腐熟堆肥之客土材料，以利栽植後根部生長發育。另植穴挖掘完成後應注意排水狀況，如植穴排水不佳，應予改善後再進行種植。

(3) 定植作業

苗木從苗圃移至工地後，應於2日內定植完成，其方法說明如下：

① 植入苗木

苗木定植時應調整樹形方向及拆除不易分解之根球包裏物，將苗木埋入土中。種植時以深挖淺植方式為原則，需注意樹木原生長之方位，使其與移植前同方位種植，以縮短其適應時間。

苗木初放入植穴時，根球上部應 高於地面3~5cm，以免填土搗實及灌水時樹木下陷，或避免種植太深而妨礙根系之呼吸作用。但植穴太小或底部土質堅硬時，為防止土壤沖蝕及灌溉保水效果，栽植時根球上部（根頸部）稍略低於地面2~3cm為原則。

② 回填土壤

栽植時土壤應分層埋入壓實，避免傷及根系及土球。回填土壤時，最好能在根球附近放置保水劑或土壤改良劑。

③ 灌水

植穴約灌水2/3並以木棒攪拌水和土壤，並調整栽植苗木的方向，使土球與下層土壤緊密接觸。為使灌水後或下雨時能截 、貯存水分，可在地面幹徑5~6倍外圍地面用土築一「土圍」或掘一「貯水槽」（高或深10~20cm）。可一次或分多次澆灌，待水分被土壤吸收後再添加土壤並壓實。

④ 修剪與樹幹保護

栽植後應略再行修剪，以整理樹姿及減少過多葉片水分蒸散。並於樹幹上包覆稻草蓆，可保持水分不致蒸發過快，促進成活。

圖3-28　苗木栽植後於地面築一土圍，以利於灌水作業

圖3-29　樹幹包覆草席以防止水分散失

3-18 苗木栽植作業（三）

(4) 支柱與樹木保護

　　剛栽植後的苗木，根系尚未充分發展及固著於土層中，易受風力影響而倒伏，或造成根系切斷面伸長受阻。特別在風衝地帶，種植中、大型苗木時，需立支柱以減輕外力影響、增加抗風力，保護苗木於栽植完成至成活期間能保持正常生長狀態。

　① 支柱類型與應用材料

　　　支柱類型依架設方式可略分爲爲單柱式（用於較小樹木）、雙柱式與三柱式（用於中等幹莖的樹木）、四柱式與繩索法（用於高5m以上之較大樹木）等。支柱的材料一般多爲經過防腐處理的杉木柱（圖3-30）或桂竹柱，末端直徑約爲5公分以上，或採用鋁製品及鐵製品爲材料。

　② 支柱施作方法

　　　支柱的粗細或橫桿的位置，視風或坡度之大小、方向等外力條件而定。支柱與植物樹幹接觸的地方應襯以透氣柔軟的材料，再利用麻繩、布繩、草繩或橡膠帶綁牢固，以防止新植樹木搖晃。支柱與支柱間應以鐵線纏繞固定，鐵線末端應內折或加塑膠套防止穿刺。各類型支柱之施作要點如圖3-31。

　③ 樹木保護

　　　可利用麻布包裹樹幹（早期以草繩爲主）減少水分散失，稱爲幹卷。樹木經過移植，吸收能力減弱，幹卷可減少樹體水分散失，有助於水分的平衡，同時又可避免機械損傷及害蟲。一般幹卷從主幹基部向上層層緊密纏繞至主幹之2/3高，並於植栽成活後第二年內拆除，以免影響植物莖幹生長。

經防腐處理之杉木柱

末經防腐處理之杉木柱

圖3-30　經防腐處理與末經防腐處理之苗木支柱材料

支柱類型	設計示意圖	照片例
單柱式	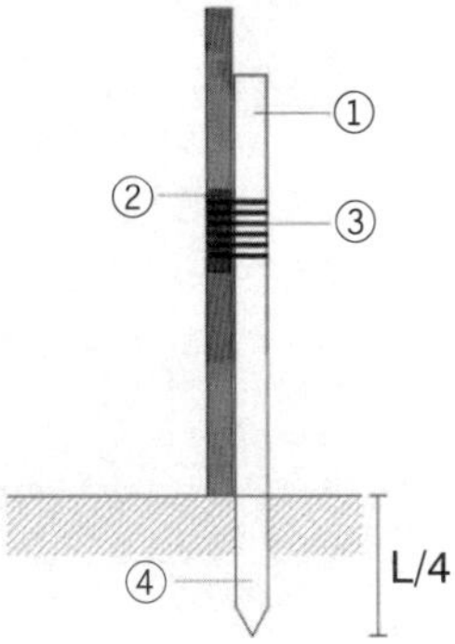 ①常為竹材。 ②透氣軟墊。 ③棕梠繩、麻繩或棉繩纏繞，圈數配合樹徑調整，以能固定為原則。 ④支柱常為1.8m，入土深為全長之1/4以上。	 
雙柱式-富士型（幹徑較大時）	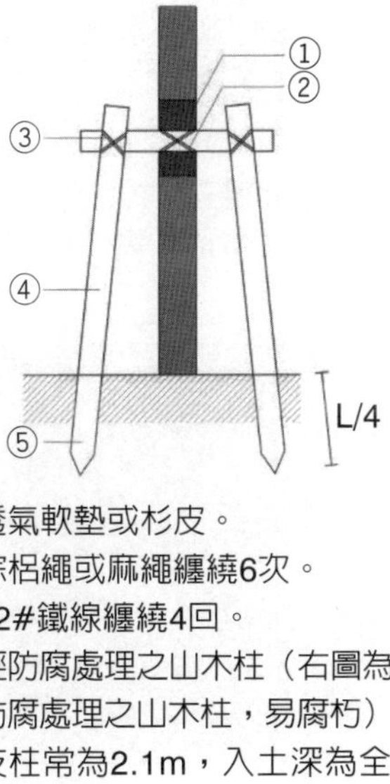 ①透氣軟墊或杉皮。 ②棕梠繩或麻繩纏繞6次。 ③12#鐵線纏繞4回。 ④經防腐處理之山木柱（右圖為未經防腐處理之山木柱，易腐朽）。 ⑤支柱常為2.1m，入土深為全長之1/4以上。	

圖3-31　不同支柱類型設計示意圖與照片例

支柱類型	設計示意圖	照片例
雙柱式-鳥居型（幹徑較小時）	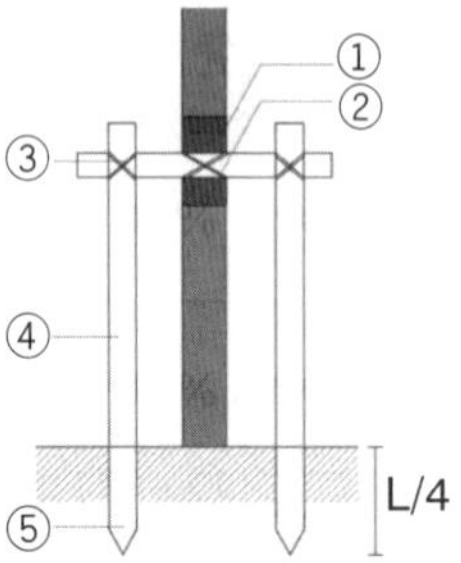 ① 透氣軟墊或杉皮。 ② 棕梠繩或麻繩纏繞6次。 ③ 12#鐵線纏繞4回。 ④ 經防腐處理之杉木柱。 ⑤ 支柱常為1.8m，入土深為全長之1/4以上。	
三柱式1	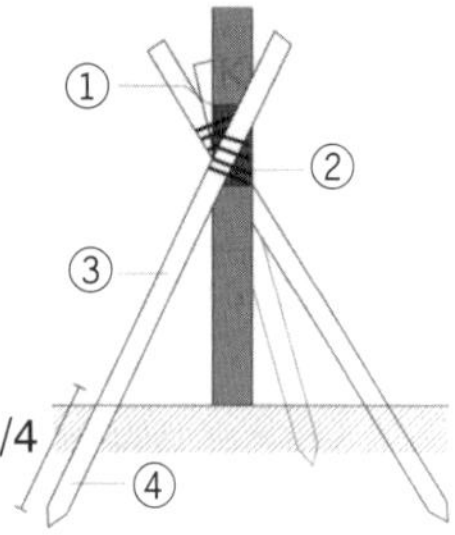 ① 透氣軟墊或杉皮。 ② 棕梠繩或麻繩纏繞6次。 ③ 經防腐處理之杉木柱或竹柱。 ④ 支柱入土深為全長之1/4以上。	 此種三柱式支柱，常有脫落與不牢固之情形，需特別注意，應如左圖交錯。
三柱式2	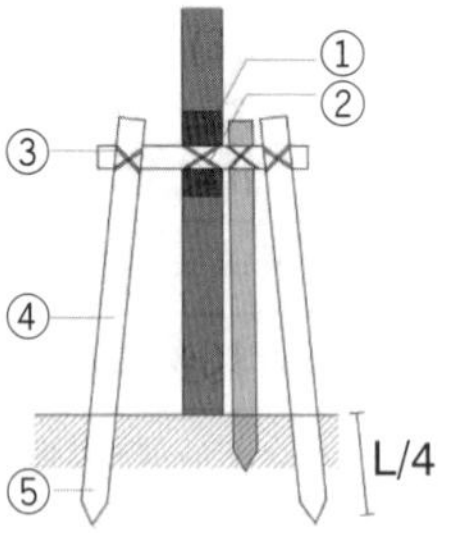 ① 軟墊或杉皮。 ② 棕梠繩纏繞6次。 ③ 12#鐵線纏繞4回。 ④ 經防腐處理之杉木柱。 ⑤ 支柱入土深為全長之1/4以上。	

圖3-31　不同支柱類型設計示意圖與照片例（續）

支柱類型	設計示意圖	照片例
四柱式	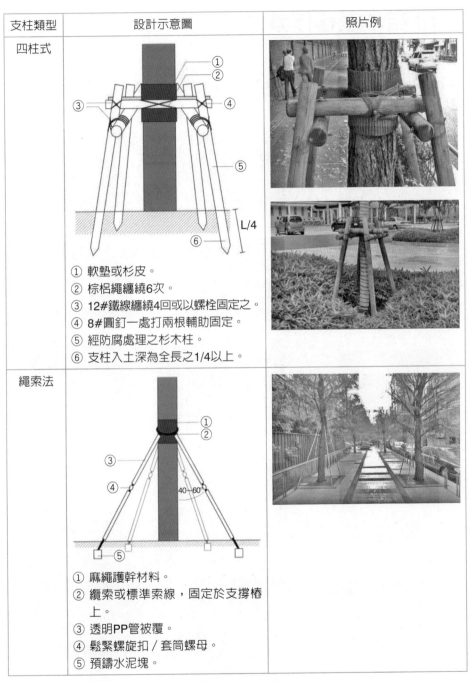① 軟墊或杉皮。 ② 棕梠繩纏繞6次。 ③ 12#鐵線纏繞4回或以螺栓固定之。 ④ 8#圓釘一處打兩根輔助固定。 ⑤ 經防腐處理之杉木柱。 ⑥ 支柱入土深為全長之1/4以上。	
繩索法	① 麻繩護幹材料。 ② 纜索或標準索線，固定於支撐樁上。 ③ 透明PP管被覆。 ④ 鬆緊螺旋扣／套筒螺母。 ⑤ 預鑄水泥塊。	

圖3-31　不同支柱類型設計示意圖與照片例（續）

3-19 苗木栽植作業（四）

4. 灌木栽植

灌木栽植作業流程如圖3-32，相關說明如下：

(1) 植穴開挖及施基肥

① 依設計圖說整地並於現場標示預定種植位置，挖掘植穴。

② 植穴之大小一般是以根球直徑大小兩倍的直徑為宜，深度為根球直徑再加20cm以上。挖掘時，表土與心土應分開放置於植穴兩側。

③ 植穴挖好後，應在穴底舖置表土或富含腐熟堆肥之客土材料。

④ 植物種植完成後若植穴所掘出之剩餘廢土量少時，可就地整平；若廢土量多而影響該區域排水時，該廢土須運離工地。

(2) 種植

① 小心移動與運送，以免損及樹葉、樹皮與樹枝，並避免直接曝曬於日光下；根部應包以原土並保持濕潤。

② 植入植穴後，應將捆繩及包覆物解除。

③ 定植時土壤應分次埋下，同時充分灌水。回填土壤應依圖說規定，採用客土或原土回填夯實。夯實時應注意避免傷及根部。

④ 使苗木保持挺立，填土後，植穴邊緣應與周圍土地密接，恢復原來地形。植穴表面應形成一淺凹之窪地，以3～5cm深之腐熟堆肥覆蓋。若發現周圍土壤有分裂現象時，應以肥土回填，並維持原地面之高度。

⑤ 自苗圃挖出後之苗木，應於2天內完成栽植作業。

⑥ 坡地栽植應注意雨水排除方向，以避免根部土壤流失。

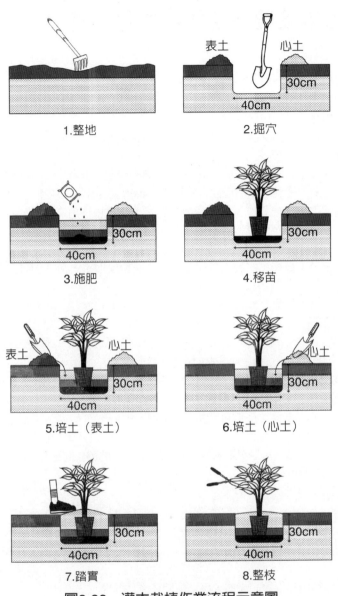

1.整地　　　　　　　　　2.掘穴

3.施肥　　　　　　　　　4.移苗

5.培土（表土）　　　　　6.培土（心土）

7.踏實　　　　　　　　　8.整枝

圖3-32　灌木栽植作業流程示意圖

3-20 苗木栽植後之維護管理工作（一）

1. 灌溉

(1) 作業時間

① 苗木在栽植後30天內，須每天澆水（雨天除外），每次水量依植栽植物密度及大小、樹種特性、環境及氣候而定。

② 夏季澆水時間以晨間6~8時及傍晚地溫下降時為佳。

(2) 注意事項

① 定植後為使客土與根球密接，第一次澆水時必須均勻濕透。

② 澆水時可配合追肥（尿素或複合肥料）、植物生長激素之使用。

③ 水源困難之處，植栽作業需配合雨季進行，並盡量採用高耐旱植物或特殊材料施工，並以植物殘株直接敷蓋於植栽植物之周邊，以減少水分之蒸發，確保植生效果。

④ 苗木種植後，每株每次澆水量視苗木大小及植穴而定，每株約可設計為5~10公升。

⑤ 灌溉時的氣候狀況、水溫、水質、水量都需加以注意。

2. 施肥（追肥）

(1) 作業時程

苗木栽植後追肥可於栽植後60天及110天左右進行。

(2) 注意事項

① 基肥：灌木每株可使用堆肥2kg；喬木每株可使用堆肥4kg。

② 追肥：喬、灌木每株施用台肥複合肥料約0.05kg或等值產品，依土壤狀態、苗木種類酌予增減。

③ 施肥後應立刻灑水，以免肥料附著在葉片上產生肥傷，導致焦葉之症狀。

④ 植物休眠期應停止施肥。

3. 刈草除蔓

(1) 管理時間

① 一般情況下，每年施行2~3次，大致上春、夏各1次，秋冬1次。

② 若有纏繞性藤類或侵略性草類生長時，需增加刈草除蔓次數，一年約應進行4次。

③ 若發現藤類凌壓樹冠的發展，應該隨時注意砍除。

(2) 注意事項

① 除蔓時注意不要傷及樹木本身。

② 除草時應以砍刀沿樹幹周圍進行刈草，切勿傷及植株。

③ 地勢平坦地區，建議得採用刈草機進行。

④ 如有小花蔓澤蘭、賽葛豆等蹤跡，需密集增加刈草除蔓之次數，並陸續追蹤後續植栽生長情形。

⑤ 相關照片，如圖3-33。

土墩（利於灑水作業）與支柱

舖設椰纖毯敷蓋（保濕與抑制雜草）

藤類危害苗木情形（賽芻豆）

施用稻殼（保濕與抑制雜草）

敷蓋稻草蓆（保濕與抑制雜草）

敷蓋塑膠布（保濕與抑制雜草）

根部塑膠管（防止刈草時割傷根部）

優良苗木生長情形（台灣欒樹）

圖3-33　苗木栽植後維護管理相關照片說明

3-21 苗木栽植後之維護管理工作（二）

4. 枯株清除與補植

(1) 管理時間：種植後1年內若有枯損或死亡之情形，則須進行補植。

(2) 注意事項

① 補植所用的苗木，較新植當時的樹齡大1~2年，且形狀略大於原栽植苗之大小者為宜。

② 補植時需先調查苗木枯損原因及樹種之適宜性等，避免補植後再度發生枯損情形。

③ 補植方法及栽植時期等，原則上和原栽植方法相同。

5. 病蟲害防治

(1) 管理時間

一般病害多發生在春秋兩季，蟲害則以夏季為多。應在蟲害較多季節加強巡視，並予以適當處理，必要時得諮詢專業單位或人員以診斷原因並進行防治措施。

(2) 注意事項

① 灑佈農藥前，需充分考慮灑佈方法、範圍、時間、風向等問題，以免波及棲息在林內的無害昆蟲或小動物，甚至影響周邊人、畜、水質等安全。

② 一般病蟲害種類和罹害樹種間，常有密切的交互作用與因果關係，因此特定的病蟲害發生在特定樹種上的頻率相當高。

6. 修枝

(1) 修剪枝條之判斷

經判斷為不良枝條，或枝條之著生部位、量體等，不利後續樹木健全之生長時，應加以修剪整枝。不良枝之判定，如圖3-34。

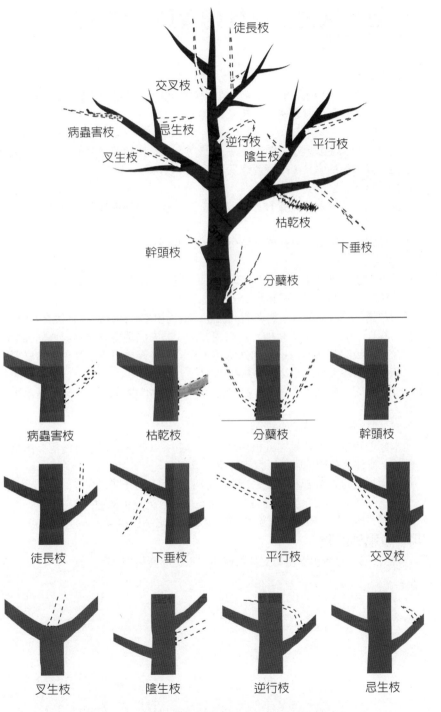

圖3-34　苗木修枝時不良枝之判定示意圖

3-22 苗木栽植後之維護管理工作（三）

(2) 修剪時間

① 休眠期修剪

利用秋、冬季節，植物生長速度較緩慢時進行大幅度的強剪，以塑造優良樹形，但修剪幅度不宜超過全株枝量之1/3。

② 生長期修剪

於夏季，植物生長旺盛期進行小幅度修剪，以保持樹冠良好的通風與透光性，避免枝條消耗性生長，維持植株生長良好。

③ 例行性修剪

於樹冠鬱閉度過高或有斷枝、徒長枝、下垂枝、病蟲害枝等不良枝情形時隨時修剪。

④ 預防風害，每年6至7月颱風季節來臨前必須修剪。

(3) 注意事項

① 依修剪目的並考慮植物種類、年齡、生長勢、頂端優勢與枝條生長位置等因素，決定適當的修剪方式和時間。

② 春天時傷口較容易癒合，對於樹液流動旺盛的樹木，需延後至夏秋之際修枝。

③ 修剪程序一般是「由基到稍、由內到外」，即先決定樹冠應修剪成何種形狀，然後由主枝的基部自內逐漸向外修剪，先剪大枝條再剪小枝條；唯有綠籬或人工整型樹例外，是由外部往內部修剪。

④ 應從樹枝的上部向下部修剪，把樹冠修剪成適當的樹型，較容易清理落下的殘枝。

⑤ 不同枝條的修剪方法，如圖3-35。

⑥ 樹木修剪時主幹或枝幹之分枝角度不宜太小，以免於加粗生長後相互擠壓而破裂，並應注意芽體位置，以調節新枝條萌發方向。

⑦ 行道樹樹冠之冠幅以樹高之1/2至1/3倍，樹冠垂直厚度以樹高之1/2至2/3倍為準；主幹高度為2.5至4公尺為宜，以避免妨礙行人及車輛通行。

⑧ 樹木修剪切鋸後，應適時實施其傷口消毒保護之處理作業。

7. 拆除植栽輔助物

植栽成活後第二年內拆除苗木支架與幹卷，以免影響植物莖幹生長。

修剪方法	說明	示意圖
大枝條修剪	枝條直徑超過20~30cm以上者，應採用「三段式鋸斷法」修剪。 (1) 於枝條下側，離主幹20~30cm處鋸出一切口，但不鋸斷。 (2) 於第一刀外側適當距離，從上方將枝條鋸斷。 (3) 於貼近主幹處鋸平，切口應平整。	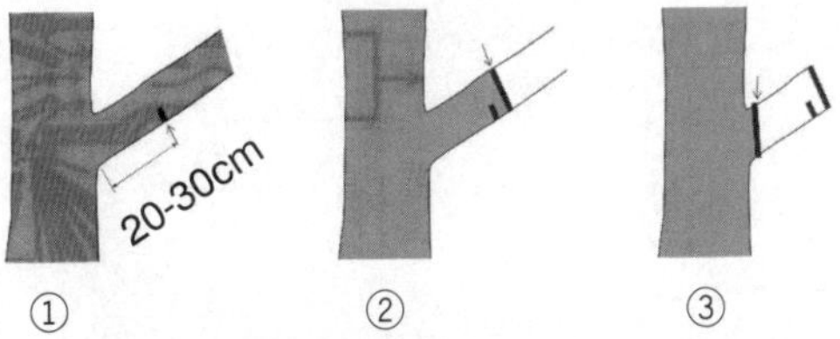
小枝條修剪	於外芽的上方約6mm處，向下依45度角斜剪，切口應平整。	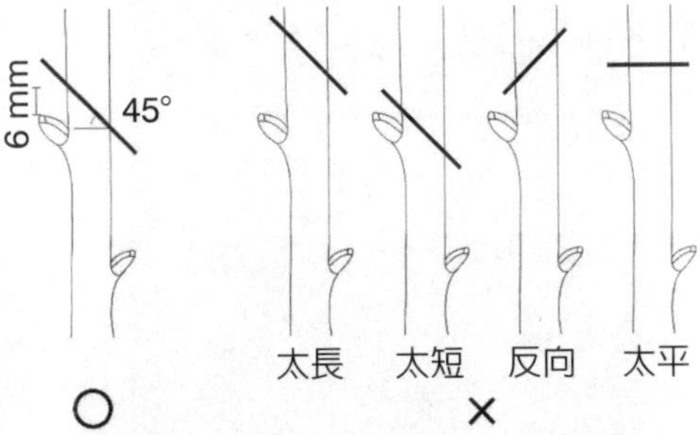
疏剪	將枝條從基部處完全剪去，不會增加枝條分枝數，使樹冠內空間增大，通氣及透光性良好，以利植株生長。	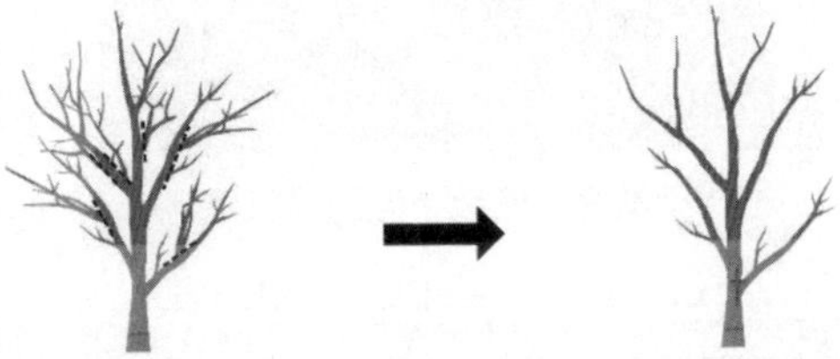
截剪	僅剪去枝條之一段，在生理上破壞該枝條之頂端優勢，刺激側芽形成側枝。截剪可使樹型優美，控制樹木生長與樹冠幅度。	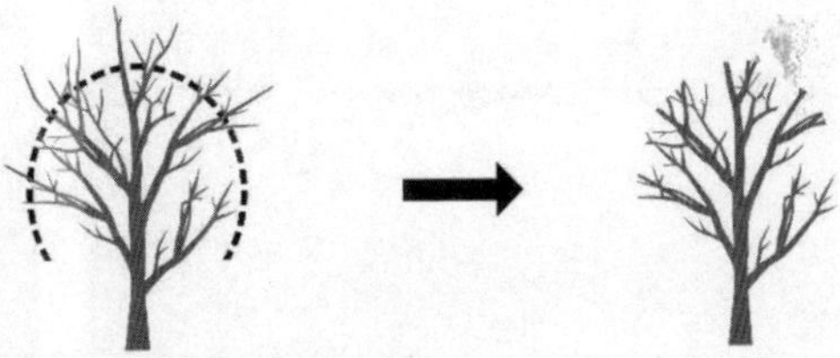

圖3-35 不同枝條修剪方法示意圖

修剪後優良苗木生長情形例

過度修剪

主幹不顯著，側枝不整且分枝過密

一次過度修剪，未按時修剪或
未依樹型修剪

修剪切口未塗殺菌劑，易致腐朽情形

右側枝幹枯死、樹皮剝離，呈現菌類腐朽
或蘚苔植物附著情形

圖3-36　枝條修剪實例照片與問題說明

第4章
播種工法

4-1 播種法特性與分類

1. 播種法之定義與特性

　　播種法係將草本類、木本類種子直接撒播、噴植或覆蓋於坡面上，使其植生綠化的工法，具有以下之特性：

(1) 較易形成自然且多樣性之植物群落。

(2) 適於廣大面積之迅速覆蓋。

(3) 能於短期內覆蓋地面，對土壤之保護較具時效。

(4) 部分種子購買或取得容易，貯藏與搬運簡便。

(5) 施工方便，可節省經費與時間。

2. 播種工法之基本分類

　　植物種子之發芽、生長，因溫度、水分、肥料、光照等條件不同，木本與草本間有很大之差異。設計播種工法植生時，宜選定具有自然繁殖能力之先驅植物作為植物材料，或在施工坡面施以足夠的土壤和含肥量，或可促進根系伸入生長之工法設計等。

　　依播植基本材料種類、施工撒播或噴播於坡面之厚度及撒布情形等，播種法共可分為27種方法，詳如表4-1。其中臺灣常用之播種工法，包括種肥撒播、條播、點播、厚層噴植、植生帶鋪植、掛網肥束帶鋪植、種肥及表土全面播植加稻草敷蓋、格框客土、厚層客土噴植等。另依使用大型機具與否，概分為直接播種（人工播種）與機械播種（噴植）兩種類型，茲分述如下。

小博士解說

　　大面積種子播種工法，常應用在以水土保持為目的之植生工程，其原因如下：

1. 播種木根系較植栽木發達

　　播種木之根系數雖少，但長而粗，較地上部旺盛，主根發達且能伸長。植栽木之根系數多但細短，地下部與地上部重量之比值（R/T ratio）較小，且缺少主根（支柱根）。這些差異在岩盤之生育基地，或立地條件差的地方更顯著。

2. 播種木根系之抗拔強度較植栽木大

　　播種木因根系網狀絞結作用，及根系快速伸入岩層裂隙，提高土－根系統之支撐與錨定作用。植栽木因與鄰接木之絞結少，風化土層之剪力發生較弱的部分。

3. 播種木抗天然災害力強

　　播種木初期發芽生長密度大，會自然進行自然淘汰與密度管理，群落整體的防災力強。而植栽的樹木係樹木配置之集合體，較不具樹木抗拒外力及自然調整之功能。

表4-1 播種法基本分類表

基材施工厚度與播種材料	A. 表層 (0~3cm)	B. 中層 (3~6cm)	C. 厚層 (6cm以上)	註解
A. 基本材料 （種子、肥料）	1. aaa（點播） 2. aab（行列條播） 3. aac（種子撒播）	10. aba（挖溝點種） 11. abb（挖溝條播） 12. abc（鑽孔客土撒播）	19. aca（鑽孔點狀全面播種） 20. acb（挖溝條播） 21. acc（挖孔客土撒播）	a. 點 b. 線 c. 面
B. 基本材料＋土壤或有機質土＋沖蝕防止劑	4. baa（點狀粒劑點播） 5. bab（植生帶鋪植） 6. bac（薄層噴植）	13. bba（點狀植生穴法） 14. bbb（植生盤條狀鋪植） 15. bbc（表層基材噴植）	22. bca（客土穴植＋敷蓋網） 23. bcb（挖溝客土條播） 24. bcc（格框客土噴植）	a. 點 b. 線 c. 面
C. 基本材料＋土壤或有機質土壤＋物理防沖蝕劑	7. caa（有機質土＋種肥點播） 8. cab（帶狀敷蓋＋種肥） 9. cac（覆蓋網材＋種肥）	16. cba（植生穴＋被覆網材） 17. cbb（掛網肥束帶鋪植） 18. cbc（鋪網噴植）	25. cca（植生穴、客土＋被覆網材） 26. ccb（階段面蛇籠＋厚客土播種） 27. ccc（埋設網，厚層客土噴植）	a. 點 b. 線 c. 面

註：
1. 表中符號係依植生材料及地表處理排列，如第10種aba；第一個a代表基本材料，使用種子和肥料；第二個b代表施工厚度需3~6cm；第三個a代表點狀種植。以此類推。
2. 括號內為施工法之例。1-27，為施工法之號碼。
3. 日本常用方法略為 3.5.6.9.15.17.22.23.24.27 等；臺灣常用方法略為 2.3.5.8.9.15.17.18.23.24 等。

4-2 人工播種（一）：撒播與條播

　　人工播種工法之種類包括撒播或條狀播種、植生帶或植生毯鋪植、植生束（盤）鋪植及土壤袋植生等，有關其施工方法、使用材料及適用條件等，詳如表4-2。

1. 撒播與條播

　　為達到植生綠化之目的，將種子做必要之預先處理後，直接撒於坡面上者稱為撒播；於坡面上整平後，適當距離挖淺溝後將種肥基材植於溝內者稱為條播（圖4-1），相關作業情形如圖4-2。適用於立地條件較佳、坡面坡度緩於土壤安息角之填方坡面，或經加鋪客土、坡度緩於30°、坡長小於10m之挖方坡面，或配合栽植法之撒草種覆蓋等。種子撒播與條播宜注意事項如下：

(1) 一般土壤每m^{2}施堆肥1~1.5kg及臺肥#43複合肥料0.05kg，但得視其土壤肥力狀況增減20%。

(2) 將每10~30g/m^{2}之種子均勻撒播於坡面，或挖20~30cm深之條溝後進行撒播。

(3) 取鬆軟之表層土微量敷蓋於撒播種子後之坡面，以防止陽光曝曬及增加種子固著。

(4) 撒播後視需要敷蓋稻草蓆，以防止種子飛散並保持土壤水分。鋪稻草蓆間需重疊5cm，並以長25~30cm之#10鐵絲作成「∩」型鐵絲或竹籤固定。

(5) 在立地條件較佳之坡面，裸露後立即撒播種子通常會有較佳之植生效果。

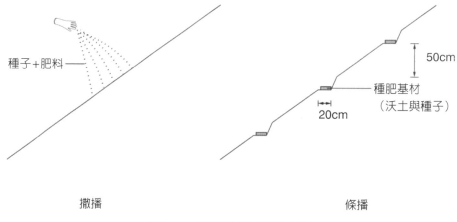

撒播　　　　　　　　　　　　　　　　　　　　條播

圖4-1　撒播與條播示意圖

表4-2 人工播種工法之種類與特性

工法種類	施工方法	使用材料			適用條件（地質、坡度）
		植生基材	種子	肥料	
撒播或條狀播種	直接將植生材料播植於施工基地之方法	黏著劑、種子、肥料之拌合植生介質	速生草類、綠肥、速生樹種	複合肥料	坡度小於 35° 之一般土壤挖方、填方坡面，其噴植厚度小於1cm。
植生帶或植生毯鋪植	全面鋪植或鋪設成帶狀	黏附種子、肥料等之不織布或草蓆	速生草種	複合肥料	坡度小於 35° 之填方坡面為主
植生束（盤）鋪植	將植生束或植生盤釘於坡面上	種子肥料等裝入含纖維材料之植生基材內	水土保持草種、速生樹種	複合肥料、有機肥料	坡度小於 35° 之挖方、填方坡面，配合噴植作業之前期施工
土壤袋植生	固定土壤袋或植生袋	土壤袋內裝填有機質土、種子等	水土保持草種	複合肥料、有機肥料、緩效性肥料	坡度小於 45°，含肥量少之土層或軟岩層

備註：

1. 撒播或條狀播種在小面積植生綠化時使用。
2. 植生帶或植生毯鋪植除了草蓆類之外，也有纖維、毛毯狀者，在肥料成分較少之土質，必須作追肥管理。
3. 植生束（盤）鋪植適用於小面積之填土區，土壤含肥量少之地區需追肥管理、砂質土不適用。
4. 土壤袋植生在坡度太陡時（坡度大於 1：1.2）土壤袋有可能滑落之情形。土壤袋中如含草類種子，常稱為植生袋，需填充保肥力較高之客土土壤，網材亦需較大之孔徑，通常透光率 50%，以利植物發芽生長。
5. 挖植溝施放基肥覆土後，在其上撒播種子。一般適合在階段上或緩坡之堆積土，無逕流沖蝕或土石飛散之虞的坡面。

4-3 人工播種（二）：草花播種

　　針對大面積花海規劃，以播種法進行施工是常見方法，適用於一般平整之公園、綠地、封閉之垃圾掩埋場。其設計與施工方法如下：

1. 整地施肥

　　把種植地點的雜草清除乾淨，可以用手拔、犁入土裡、噴灑除草劑，或將這些方法合併使用。可使土壤質地較為疏鬆，種子發芽後生長較為快速；過程中於土壤深約25公分的範圍，每平方公尺加入1~2公斤的腐熟堆肥或有機肥。如土壤為酸性，要加石灰改良。

2. 開溝

　　整地需平坦，間隔約5~6公尺開溝，畦面太寬時，中間水分滲透不均處，植株生長會較緩慢，並開花延遲，造成開花期參差不齊，影響景觀視覺效果。

3. 播種

(1) 將同體積的種子與5倍至10倍的砂或泥炭土混合，用手或簡易撒種器播種。大粒種子例如向日葵可以用點播方式種植。

(2) 較大區域可以使用動力噴播機。

(3) 大部分的花卉，播種以後要覆蓋土壤，種子被覆蓋的深度，不能超過種子厚度的2~3倍。

4. 雜草控制

　　播種後可稍微覆土，接著噴灑萌前殺草劑，一般可使用施得圃乳劑，避免田間雜草滋生，而與景觀植物競爭水分及養分。

5. 水分管理

　　殺草劑噴灑後隔天灌水，以促進種子萌芽整齊，亦可灌水後再播種，避免種子隨灌水而流失。如果在播種時使用植物保水劑，會有很好的效果。

種子拌合材料　　　　　　　　　種子消毒作業

種子混合有機肥作業　　　　　　　人工撒播情形

崩積土坡面條播作業　　　　　崩積土坡面簡易挖條溝播植

裸岩坡面條播作業　　　　　階段坡面條播後植物生長情形

圖4-2　人工播種（撒播與條播）施工作業照片例

4-4 人工播種（三）：植生帶鋪植

　　植生帶係由不織布、成層狀之稻草植生毯或其他資材所形成，在兩層資材層間或在植生帶體上方黏附種子、肥料，或視需要放置腐質土、植生資材等作成層狀。相關設計示意圖、材料及施作情形如圖4-3、圖4-4；作業方法與須注意事項如下：

1. 鋪植作業在已整地之濕潤土壤上進行，先鋪上一層土壤，在砂石與礫石土壤，植生帶鋪植前預先於坡面上鋪撒黏性土壤作為中間界層後施作。
2. 不織布植生帶一般幅寬1m，鋪設時，應5 cm左右之重疊。
3. 鋪設後在每m^2，以一支「∩」型鐵絲或竹片固定之，在陡坡地區，以長度25~30 cm之鐵線固定於地面較具有效果。
4. 不織布植生帶鋪設後，應覆上稻草蓆，並微量覆土以利植物生長；稻蒿植生帶亦需微量覆土。
5. 植生帶應全面鋪設，以加強其植生覆蓋效果。
6. 不織布植生帶之貼地性及防沖效果優於稻稈植生帶，但對大粒種子之發芽則有妨礙；稻稈植生帶雖有利於大粒種子之發芽，但防沖效果較差。

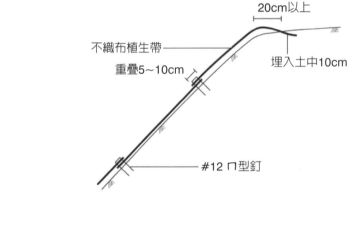

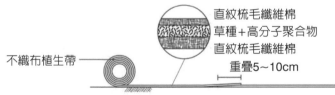

圖4-3　植生帶鋪植設計示意圖（以不織布植生帶為例）

稻稈植生帶與不織布植生帶

不織布植生帶鋪植情形

植生被覆紙

植生被覆紙施工情形
（含種子面朝上鋪置）

植生草蓆（內含草莖）

不織布植生帶施工成果

植生毯材料

植生毯施工情形
（先撒草種，後鋪植生毯）

圖4-4　植生帶材料及施工作業照片例

4-5 人工播種（四）：肥束網帶鋪植

　　由纖維棉布、稻草、細尼龍及塑膠網或其他有機、無機之纖維質材料混合捲紮成束，纖維束中間包夾緩效性肥料、保水劑等，再鋪設於坡面之方法。其產品依材料種類與設計施工目的之不同而有肥束帶、防沖束、截流束等不同之產品名稱，適用於一般道路邊坡裸露地或崩塌地。相關設計示意圖及施作情形，如圖4-5、圖4-6。作業方法與需注意事項如下：

1. 欲施工坡面需經整地，清除其上草木雜枝或鬆動石塊。
2. 材料規格長1m，直徑可依設計需要而彈性配合。依設計需要於坡面沿等高線，以每隔50cm或1m行距，鋪釘肥束帶。鋪釘前必須先微鏟挖出一淺溝，使肥束帶能更為緊密貼地，每行束與束間必須緊密相連。
3. 每束需釘3~4支長15cm之鐵釘或鋼釘，套襯華司墊片（Washer）後固定。
4. 依設計需要可配合草種撒播、噴植及鋪蓋稻草蓆。
5. 現行有產品化肥束網袋，採固定行距編製肥束袋，便於直接鋪植。

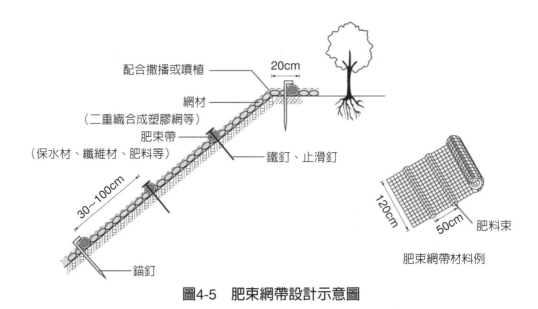

圖4-5　肥束網帶設計示意圖

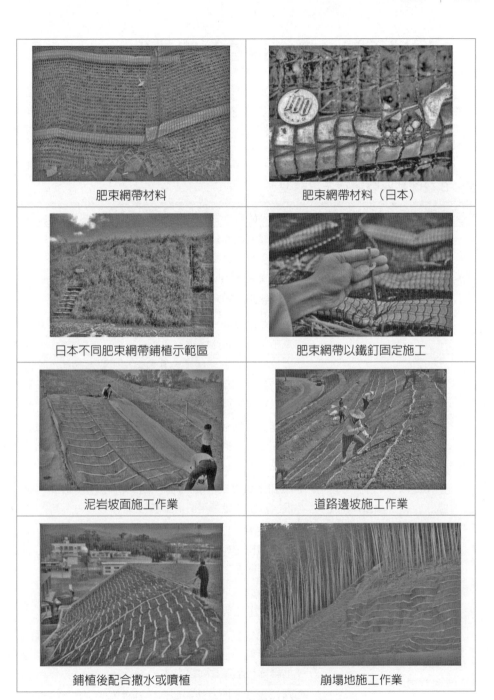

肥束網帶材料　　　　　　肥束網帶材料（日本）

日本不同肥束網帶鋪植示範區　　肥束網帶以鐵釘固定施工

泥岩坡面施工作業　　　　道路邊坡施工作業

鋪植後配合撒水或噴植　　　崩塌地施工作業

圖4-6　肥束網帶（或類似產品）施工照片

4-6 噴植工法（機械播種）之類型

1. 噴植工法定義與分類

　　噴植工法為將種子、肥料、有機質肥料（或土壤）、黏著劑與適量之水充分攪拌成泥狀後，利用水力式或氣壓式機具將錢樹材料噴布於坡面之植生方法。臺灣地區噴植方法之各類型工法及其說明如表4-3。

表4-3 臺灣地區噴植方法之類型

類型區分	工法名稱	說明
依噴植厚度區分	1. 薄層噴植工法	噴植厚度為 0.1～3 cm，適用於土壤硬度小於 25 mm（山中式硬度測值）之一般土質坡面。
	2. 中層噴植工法	噴植厚度為 3～6 cm ，噴植於鋪設鐵絲網之坡面上，適用於軟岩坡面。
	3. 厚層噴植工法	噴植厚度為 6～10 cm，噴植於鋪設鐵絲網之坡面，適用於無土層或硬岩坡面。
依使用材料與應用技術區分	1. 直接噴植	直接將黏著劑、種子、肥料等植生材料噴植於坡面之方法，常用於需快速草類覆蓋之裸坡地區或一般填方地區，其噴植厚度通常小於 1 cm。
	2. 鋪網噴植	坡面先以鐵絲網、編織立體網等鋪置後再噴植基材之方法；噴植厚度通常為 5 cm。常用於崩塌裸坡面或挖方坡面。
	3. 混合土壤團粒化劑噴植	添加土壤團粒化劑可促使土壤團粒化，增加孔隙度，本工法僅適用於薄層噴植。
	4. 連續纖維團粒化劑噴植	基材在噴槍口與空氣、團粒劑攪拌形成團粒反應，並於噴出槍中時結合連續纖維，形成具有團粒結構與纖維補強之基材土壤，噴佈於坡面上。
	5. 航空噴植	深山或偏遠地區、地形陡峻等條件不佳之地點，其它植生工法較困難時使用。
依使用機具與作業方法區分	1. 水力式（噴植機）噴植工法	以水為載體，將事先經過合理配比和適當預處理的各種草類種子與植生基材，透過可調壓的噴頭均勻地噴播在基質表面之方法。
	2. 氣壓式（噴植機）噴植工法	將適當預處理之種子與植生基材等依一定比例混合後，透過氣壓式噴漿機（12 kg/cm²）將植生基材噴布於坡面上之噴植方法。又可分為濕式與乾式。

2. 水力式與氣壓式噴植之差異

(1) 水力式（噴植機）噴植工法

　　水力式噴植是以水為載體，將事先經過合理配比和適當預處理的各種草、灌木、喬木之種子與適當配方的肥料、纖維材料（木質纖維、紙漿等）、黏著劑、保水劑、生育基材等混合，透過可調壓的噴頭均勻地噴播在基質表面，而達到快速建立植被群落的一種先進植被建立和恢復技術。常用水力式噴植機可分為下射流攪拌噴植機、機械攪拌噴植機及壓力式噴植機等三種設備。水力式噴植施工，如圖4-7。

　　適用範圍及工法如下：

① 適於一般岩盤或無土壤處，無坡度限制，但以坡度50°以下施作效果較佳，不同坡度施作使用之種子也有所不同。

② 通常設計噴質厚度為0.1~0.5cm。

③ 使用資材包括：生育基材或纖維材料、有機肥料、化學肥料、黏著劑、大量水、目的種子等。

④ 常用配合工法包括：稻草蓆敷蓋、抗沖蝕網鋪設、掛網錨定、打樁編柵等。

(2) 氣壓式（噴植機）噴植工法

　　氣壓式噴植是將種子、黏著劑、纖維材料、有機肥料、化學肥料、保水劑、土壤改良劑及其他資材等材料依一定比例混合後，透過氣壓式噴漿機（12 kg/cm^2）將植生基材噴布於坡面上，形成一層類似表土的結構，提供植物生長基材。施工機具組合較為複雜，氣壓式噴植工法適用範圍與工法如下：

① 適用於一般挖方坡面、岩盤面、礫石層、泥岩、砂頁岩、砂岩邊坡，雖無坡度限制，但已坡度50°以下施作效果較佳。

② 通常設計噴植厚度為3~6cm。

③ 使用資材包括：砂質壤土、纖維材料、土壤改良劑、黏著劑、有機肥料或化學肥料、保水劑、目的種子、適量水等。

④ 常用配合工法包括：配合掛立體網錨定、水泥格框等。

(3) 乾式噴植與濕式噴植

　　氣壓式噴植機依其噴植機之結構可分為乾式噴植與濕式噴植。其施工機具設備與作業方法如圖4-8、4-9與4-10。

① 乾式氣壓式噴植機具噴植高度較低，且易有反彈料產生，用於坡度較陡之區域或噴植時含水量過高，易造成噴植材料滑落問題。而其噴植基材攪拌時須為自然乾燥材料，較適合中南部多晴地區施作。

② 濕式氣壓式噴植機具需地面空間較大，不適用於路面較窄之山區道路施工，及不適用於較小面積施作。可分次或分層噴植，以減低水流沖蝕及基材。

水力式噴植機（水箱體積2 m³）　　　水力式噴植作業示意圖

水力式噴植機（一）　　　水力式噴植機（二）

混合噴植基材作業（一）　　　混合噴植基材作業（二）

水力式噴植作業　　　早期水力式噴植引進試作情形

圖4-7　水力式噴植機具設備與施工作業照片例

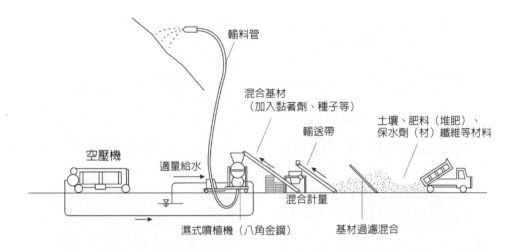

A. 濕式（氣壓式）噴植（先將各基材與水混合後噴植）

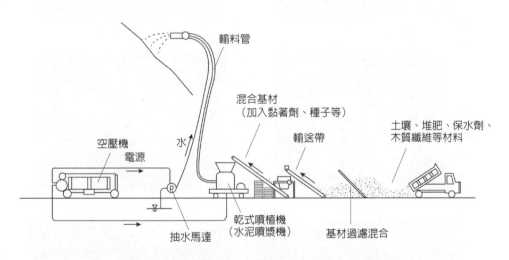

B. 乾式（氣壓式）噴植（於噴嘴旁接水管，與基材一起噴於坡面）

圖4-8　氣壓式噴植施工機具設備與作業方法示意圖
（A：濕式噴植；B：乾式噴植）

將混合之基材送入八角金剛

八角金剛噴植機

旋轉式基材攪拌機

八角金剛噴植機

利用空壓機加壓送出噴植基材

基材過篩設備

配合肥束網帶噴植

配合鋪網噴植

圖4-9　氣壓式噴植（濕式）設備與施工作業照片例

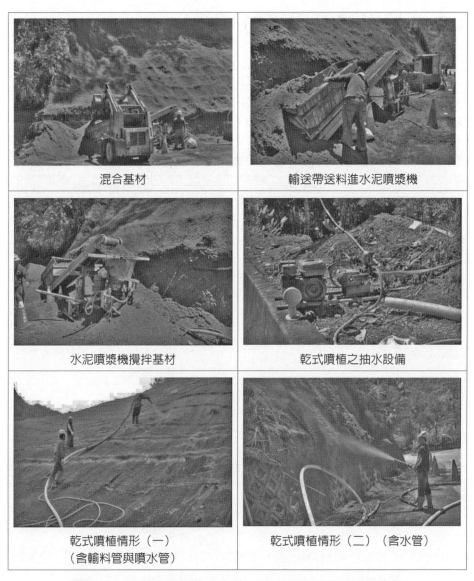

圖4-10 氣壓式噴植（乾式）設備與施工作業照片例

4-7 噴植工法應用資材（一）

1. 噴植工法主要應用材料

　　噴植所應用的材料稱為資材，可概分為纖維資材、土壤、肥料資材、土壤改良劑、黏著劑、保水劑、種子及其他資材等種類，如表4-4、圖4-11。應用時視噴植厚度及土壤條件選擇適用的資材，並依不同比例混成和泥狀，稱為噴植基材。

表4-4 噴植工法應用基材配方材料分類表

類別		用途與特性	資材種類
基本材料類	纖維材料	可提供種子發芽生長之介質及改善土壤物理特性，增加噴植基材的機械性強渡。	如泥炭苔、樹皮堆肥、菇類太空包廢料堆肥、甘蔗渣、稻穀堆肥、木屑堆肥、木質纖維等。
	肥料	在自然環境養分不足或急需復育地提供種子發芽初期生長所需之肥分及改善土壤肥力。	腐熟堆肥、化學肥料、緩效性肥料（粒肥）、高腐植酸有機質肥料等。
	土壤	富含有機質、排水性良好之土壤，能與其它噴植資材充分攪拌混合者。	通常為砂質壤土。野外河岸沖積地採集土壤時需過篩去除石粒、雜質。
養生材料類	土壤改良劑	改善噴植土壤、基材等之特殊屬性（如高鹼性、高酸性、黏土及鹽化等），增加土壤內微生物活性，增進土壤保水性、肥料吸收功能及促進種子發芽生長者。	苦土石灰、蚵殼粉、草木灰、矽酸爐渣、硫磺粉、土壤微生菌、菌根菌等。
	黏著劑	為固結土壤、噴植材料及種子、增加噴植基材之抗沖蝕能力，防止其流失。	可分為高分子類黏著劑與有機類黏著劑。如柏油乳劑、乳膠劑、CMC、團粒化劑、卜特蘭水泥等。
	保水劑	可增加噴植基材含水量、通氣性，提高種子發芽率。	蛭石、高分子保水劑、保水劑等。
種子材料類	種子	配合施工基地之立地條件與植生綠化類型目的，選擇適生植物種子，混合於噴植基材，以達到植生效益。	包括草類、灌木、喬木、藤類、綠肥植物等種子材料。
其他材料	其他資材	現地回收資材、著色劑、種子發芽促進劑或鳥類忌食劑等。應用時需同時考慮周邊生態與環境之危害問題。	天然食用色素（綠色）、好年冬（鳥類忌食劑）等。

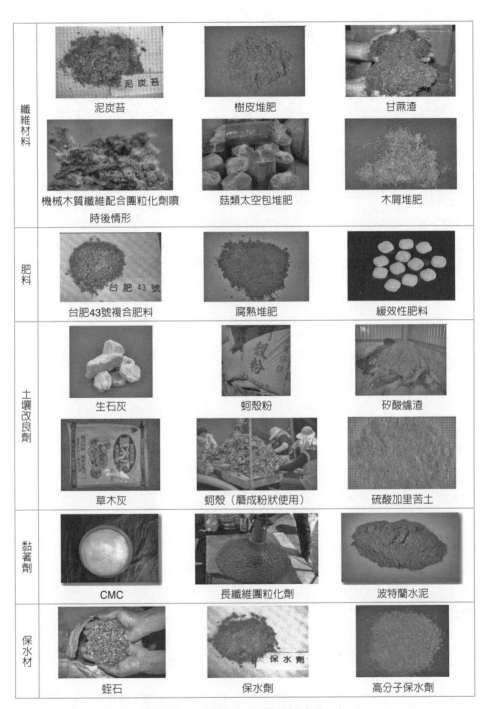

圖4-11　噴植工法常用資材照片

4-8 噴植工法應用資材（二）

2. 噴植常用種子材料與預措處理

(1) 為提高種子發芽率，於施工前對種子進行之發芽促進措施稱為預措處理。一般噴植工程施用草本植物種子時，通常使用發芽率較高之種子，且期望其在不同時期發芽生長，以增加其對野外環境應力之適應性，故（除百喜草外）通常不會進行種子預措處理。

(2) 中層噴植時，為了提高木本種子發芽率，可先將種子進行預措處理。

(3) 為了使種子的發芽率提高，通常需對播種的種子先作發芽的促進處理，方法如下：

① 供給種子發芽所需養分，如醣分及各種酵素等，以促進其胚之發育。

② 種皮過於堅硬，使種皮變軟之法有層積法（stratification），將種子與濕潤之砂，層層相疊，並保持適宜之溫度，易使種皮柔軟並刺激胚之發育。

③ 浸水法，將種子浸於冷水或溫水中，使種皮吸水變軟，以利其發芽，浸漬之時間則需依不同種子予以調整。

④ 藥劑處理：對於種皮堅硬或具有蠟質、膠質之種子，可用硫酸、鹽酸、氫氧化鈉、硝酸鉀、氫氧化鉀等溶液處理，以促進其發芽。

⑤ 切傷種皮：凡種皮太硬，不能用上述方法使之變軟者，可將種子切破其種皮，但不得切到胚部，可使水分得自由進入，發芽遂較易。

⑥ 打破休眠：給予需要休眠之種子刺激作用，可使用低溫處理及醚類處理等方法。如於播種前，將種子置於低溫、高溫或高低溫交替循環處理，促其後熟作用以終止其休眠，發芽率亦可大增。

(4) 利用脫殼機將胡枝子種子脫殼後（圖4-12），再加入其它材料予以噴植。

(5) 噴植工程常用種子之預措處理方法，詳如表4-5。

(6) 噴植常用之種子材料，包含草本與木本植物種子，如圖4-13。

脫殼機

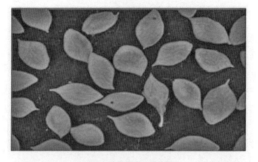

胡枝子種子脫殼前

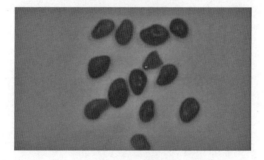

胡枝子種子脫殼後

圖4-12 脫殼機與種子脫殼前後照片例

✚ 知識補充站

1. 種子材料設計前應先確認施工區域之海拔高、降雨量等之環境特性，並選用適合之植生種子材料。

2. 種子材料應於購買前進行確認，購買種子之包裝、容器或標籤以中文標示為主，須附上：學名、品種名稱、種苗業者名稱及地址、種類及中文品種名稱、品種權登記證號、生產地、重量、數量、發芽率、測定日期、其它經中央主管機關所規定之事項。

表4-5　噴植工法常用種子之預措處理方法例

植物種類	預措處理	發芽適溫 (℃)	發芽時間 (日)	一般發芽率 (%)
1. 百慕達草	預冷；0.2% KNO₃	20~35 20~30	7~21	90
2. 高狐草	預冷；0.2% KNO₃	20~30 15~25	7~14	90
3. 多花黑麥草	預冷；0.2% KNO₃	15~30	5~7	90
4. 百喜草	熱水處理； H₂SO₄ 浸泡後再用 KNO₃	28~33	15	50
5. 類地毯草	0.2% KNO₃	20~35	10~21	90
6. 營多藤	發芽前以濃硫酸先浸過	20~30	4~10	80
7. 白花三葉草	預冷	20	4	-
8. 羅滋草	預冷；0.2% KNO₃；光線	20~35 20~30	7	-
9. 鐵掃帚	無需處理	20~35	7~21	46
10. 相思樹	以 50℃浸種，自然冷卻後置於室溫 24 hr； 沸水處理任其自冷；	20-30	3~15	94
11. 山芙蓉	溫水浸種 30 分鐘	30	5~7	50
12. 臺灣欒樹	溫水浸種 30 min； 60% 硫酸浸種 30 min	20~25	7~14	95
13. 羅氏鹽膚木	(1) 80℃熱水處理 3 min； (2) 切削或 (3) 砂磨	20-30	7~14	71 77 76
14. 櫸	冷水浸種 24 hr	20~25	7~30	30
15. 臺灣赤楊	發芽需光	20~25	5~25	40
16. 胡枝子	脫殼處理後以 50~60℃浸種 24hr	15~25	-	-
17. 洋紫荊	無需處理	-	5	85

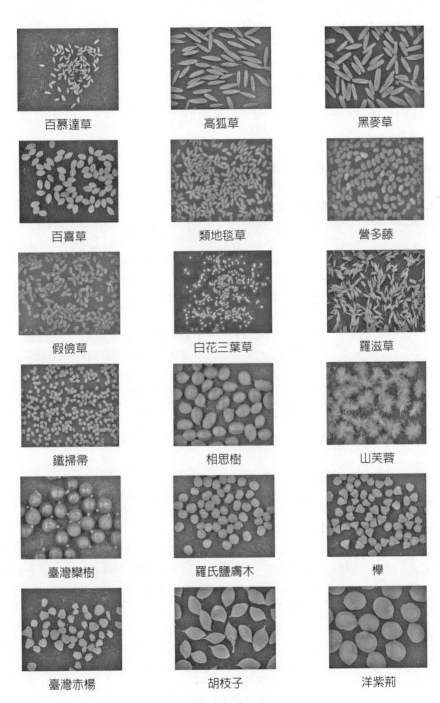

圖4-13 噴植工法常用種子材料

4-9 噴植工法應用資材（三）

3. 常用被覆網材之種類

　　利用鐵絲網、天然纖維材料、塑膠網材、針織網材之可滲透性，或結合鐵網、纖維材、塑膠材料等形成整體之結構性材料，而應用於植生工程之產品，稱為植生被覆網材。

　　植生被覆網材應用於鋪網噴植工法，主要應用的種類包括鐵絲網類、複合型立體網、編織立體網、非編織立體網等，說明與照片例，如表4-6、圖4-14。

表4-6　噴植工法應用被覆網材

名稱		說明
鐵絲網	菱形鐵絲網	通常為鍍鋅鐵絲經過機械編成菱形或六邊形孔目之網材。菱形鐵網為目前崩塌地常用之被覆資材，為以鍍鋅鐵絲經過機械編成菱形孔目之網材，一般通用規格網目為 5 cm×5 cm。菱形鐵絲網鐵絲交結點為絞線結構無法伏貼坡面，但延伸率低、強度高常用於坡面防止落石。立體鐵絲網鐵絲交結點為活動可伏貼坡面，但延伸率較大、強度較低。龜甲網一般用於圍籬或編柵網材。
	鍍鋅立體網	
	龜甲網	
複層網（複合型鐵絲網）		為加勁格網和 Nylon、PP、PE 或 PET 塑膠經押出機熱熔擠出成連續細長膠條，膠條間不規則排列相互黏結而成。
編織立體網	綠蓆網	編織立體網以化纖編織網 PP、PE 及 PET 三種塑膠單絲，以經編機或梭織機織造成平面或立體狀網材。
	矩形錐立體網	
	三維立體網毯	
非編織立體網	立體抗沖蝕網	3D 立體網 Nylon、PP、PE 或 PET 塑膠經押出機熱熔擠出成連續細長膠條，膠條間不規則排列相互黏結並以模具形塑成單凸或雙凸立體結構。

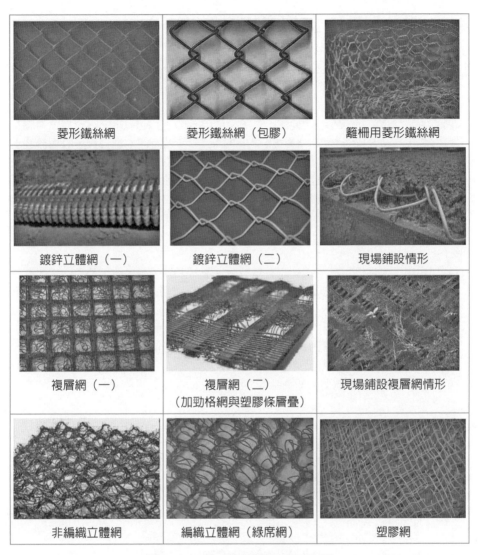

菱形鐵絲網	菱形鐵絲網（包膠）	籬柵用菱形鐵絲網
鍍鋅立體網（一）	鍍鋅立體網（二）	現場鋪設情形
複層網（一）	複層網（二） （加勁格網與塑膠條層疊）	現場鋪設複層網情形
非編織立體網	編織立體網（綠席網）	塑膠網

圖4-14 常用被覆網材照片例

4-10 噴植工法之應用案例（一）

1. 鋪網噴植設計與施工方法

(1) 整坡後，將菱形鐵絲網（#14，網目50 mm）拉緊，平鋪於坡面，每m²以一支鐵栓（主錨釘φ13 mm，L 100 cm；副錨釘φ13 mm，L70 cm）固定。

(2) 客土材料依立地條件不同而異，以噴植機噴布形成3 cm以上之客土層，再將黏著劑0.2～0.5 kg/m²、2～4種種子約0.03 kg/m²及適量的水混合後，噴植於客土上；如考慮生態綠化草花之美化效果，可酌量增加植物種子之種類與數量。

(3) 於軟岩地區，土壤硬度大於25 mm（山中式硬度計測值）以上之一般硬質土層坡面或青灰岩地區，坡面整坡後沿等高線每隔30～50 cm，以鑽孔機或挖穴機鑽孔或挖穴，每孔（或穴）直徑6～10 cm，深10～15 cm，間距20～25 cm，施放遲效性肥料0.05 kg/m²。再鋪網噴植，可增加植物根系之固著能力以達到綠化效果。

(4) 如為施工方便，可於鋪植後將有機質土、肥料、黏著劑、種子及水一次噴植於坡面上3～5 cm，但依此法則下層之植物種子無法發芽成活，故需增加種子數量至原設計量之2～3倍。

(5) 噴植材料如以有機質材料，如樹皮纖維、香菇堆肥等，配合黏著劑等添加物一次噴植時，應特別注意噴植材料之孔度、吸水性及pH值等，以確保植物生長。噴植後全面覆蓋稻草蓆或其他材料。

(6) 設計示意圖與案例說明，如圖4-15、4-16。

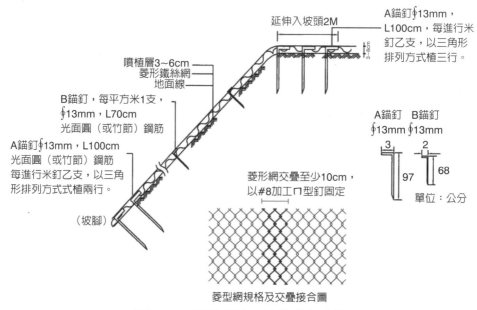

菱型網規格及交疊接合圖

圖4-15　鋪網噴植工法設計示意圖

2. 鋪網噴植施工案例

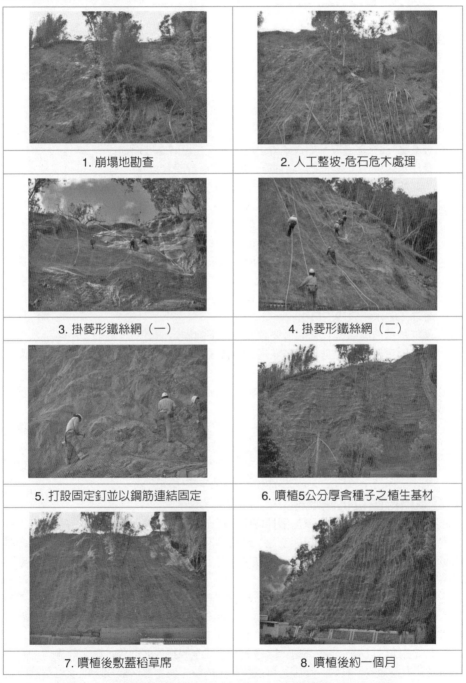

1. 崩塌地勘查	2. 人工整坡-危石危木處理
3. 掛菱形鐵絲網（一）	4. 掛菱形鐵絲網（二）
5. 打設固定釘並以鋼筋連結固定	6. 噴植5公分厚含種子之植生基材
7. 噴植後敷蓋稻草席	8. 噴植後約一個月

圖4-16　鋪網噴植施工案例（桃113線崩塌地處理工程）

4-11 噴植工法之應用案例（二）

3. 型框配合噴植

(1) 定義與適用地點

　型框（或稱型框自由樑）因其變形自如、能適用於未完全均勻整坡之坡面，且固定力強，後續搭配噴植植生施作之植生成效良好，適用於下列地區：

① 坡面起伏較大且不規則之一般道路邊坡。

② 坡面表層呈現風化、崩落現象者。

③ 坡度45°~65°之邊坡，如在硬質岩面，則可在更陡之坡面進行。

④ 有湧水之風化岩或不安定之地方（配合暗溝或暗管排水）。

⑤ 岩錨坡面安定工程上方坡面之配合處理工法。

(2) 設計與施工方法（圖4-18）

① 坡面整理後，於坡面中以坡肩爲基準線，沿基準線平行方向，鋪設菱形網，並利用長度30~70cm之4＃鋼筋，間格1~2m打入地面固定菱形網。

② 菱形網上間距約1.5cm排設縱橫向3＃鋼筋，並於每縱橫節點上打設1~3cm長之岩筋；岩筋可設計直接打入或配合鑽孔。以空壓機8~10 kg/cm²壓力灌塡水泥漿，亦可設計鑽孔後以重力式流入塡縫，但以水泥漿灌塡時時需配合上下抽動岩筋，至水泥漿回流爲止。

③ 型框可依坡面狀況及實際需要調整，但橫向固定框應沿等高線方向略呈水平，縱向固定框應盡量垂直等高線施作。坡面凹凸太大時，與網框接觸之坡面需略加整理，使之與框密切接合。

④ 如遇地形變化過大時，型框間距應適時縮小。錨釘或岩筋應儘量以與坡面垂直方向打入土層。

⑤ 現場排設鋼筋及岩筋打設完成後，應先將型框內需植生範圍以塑膠布鋪設保護，再噴設1：3水泥砂漿，以避免噴漿時造成的汙染影響植物生長。

⑥ 水泥砂漿噴附完成後，拆除塑膠布並配合植生基材及混和草種噴植。草種以當地水土保持草類爲主，必要時可混入當地木本植物種子。

4. 連續纖維團粒化劑噴植

　將噴植基材連同種子材料置於攪拌機中，經充分攪拌後再以高壓泵浦將基材打入輸送帶及噴槍口，基材在噴槍口與空氣、團粒劑攪拌形成團粒反應；並於噴出中結合連續纖維，形成具有團粒結構與纖維補強之基材土壤，噴布於坡面上。其示意圖及施工作業，如圖4-19。

　適用地點除一般砂土、黏土層外，亦適用在以林木複層植被爲設計目標之施工地點，包括水庫保護帶、道路挖方坡面等。一般平均噴植厚度約3~5 cm，如於軟岩地區期望快速建立森林植被時，則需增加噴植厚度。

　本工法引進自日本，曾在高速公路邊坡、新建水庫護岸坡面等地區設計施作，木本植物發芽生長之效果良好，唯施工單價較高，故較少使用於一般崩塌地或可藉噴植後快速正向植生演替之地點。

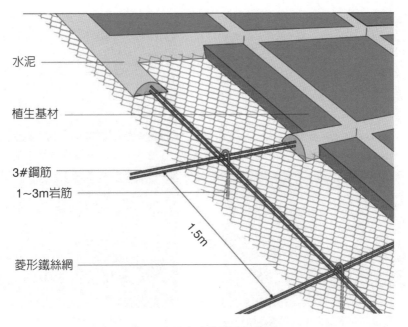

水泥

植生基材

3#鋼筋
1~3m岩筋

1.5m

菱形鐵絲網

型框工法配合噴植設計示意圖

型框工法之鋼筋網材配置照片例（日本）

圖4-17　型框配合噴植示意圖與照片例

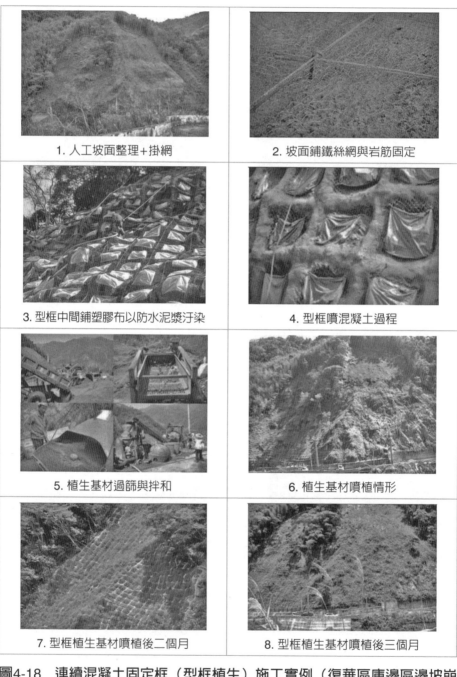

1. 人工坡面整理＋掛網

2. 坡面鋪鐵絲網與岩筋固定

3. 型框中間鋪塑膠布以防水泥漿汙染

4. 型框噴混凝土過程

5. 植生基材過篩與拌和

6. 植生基材噴植情形

7. 型框植生基材噴植後二個月

8. 型框植生基材噴植後三個月

圖4-18　連續混凝土固定框（型框植生）施工實例（復華區庫邊區邊坡崩塌地處理第二期工程）

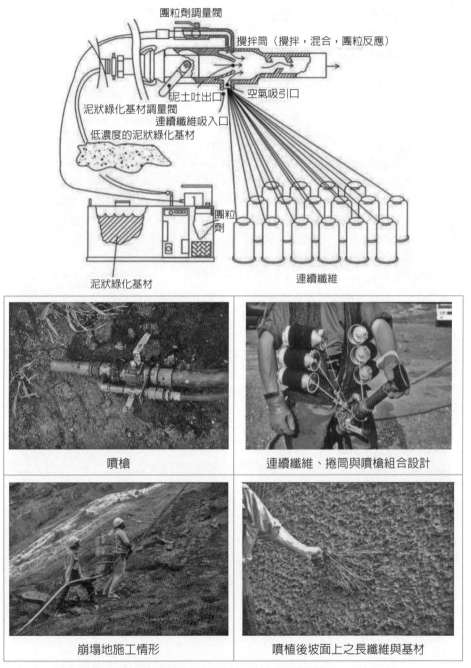

團粒劑調量閥

攪拌筒（攪拌，混合，團粒反應）

泥土吐出口

空氣吸引口

泥狀綠化基材調量閥

連續纖維吸入口

低濃度的泥狀綠化基材

團粒劑

泥狀綠化基材

連續纖維

噴槍

連續纖維、捲筒與噴槍組合設計

崩塌地施工情形

噴植後坡面上之長纖維與基材

圖4-19　連續纖維團粒化劑噴植示意圖與施工作業照片

4-12 航空植生（航空噴植）

1. 定義與適用地點

使用航空機具輔助的噴植方法，其適用地點與時機如下：

(1) 深山或偏遠地區、地形陡峻等條件不佳之地點，使用其它植生工法作業較困難時。

(2) 施工地點多、零星分布或面積廣大之地區。

(3) 崩塌地、火災跡地等急需快速植生綠化地區。

(4) 勞力不足或偏遠地區施工地勞工不易取得時。

(5) 依經費、施工地條件及預期植生結果之綜合判斷，以航空植生較有利時。

(6) 依技術觀點，使用航空器植生較別的工法施工快速，可掌握季節與時效，但航空器之使用費可能占全部施工費用之40%~50%，施工時需注意精準之專業技術與資材投擲效率，以及考慮可能受氣候影響。

2. 裝備類型與適用特性（圖4-20）

(1) 橫抱式

植生基材裝料漏斗配置於直昇機兩側者。主要用於藥劑與肥料噴撒，亦可行一般種子撒布。適用於大面積之平原，河海灘地、沙洲及坡度緩於45°之坡面植生與養護。

(2) 懸吊式

植生基材裝料漏斗懸吊於機腹下方者。本型可將全部植生材料混合，進行濕式或乾式之植生撒布，比橫抱式更容易進行植生材料混合，投擲與施工效率較高。為目前坡地航空植生之主要裝備，適用於地形坡度變化較大的地區。

(3) 腹掛式

裝料桶懸掛於機腹下方，可由下方投料。

3. 設計與施工方法

(1) 將種子、肥料、黏著劑、沖蝕防止劑、基盤營造材料及適量之水，依設計比率混合並放入攪拌器內均勻攪拌。

(2) 於攪拌器內均勻攪拌後之噴植材料，經由輸送管注入灑播器。

(3) 安置連接航空器與灑播器之間之掛鉤與鋼索，即將灑播器之掛鉤懸吊於機腹下方。

(4) 以直昇機將灑播器帶至擬施工地點進行噴灑。在正常操作情形下，完成一次噴灑任務，以懸吊式為例，包含噴植材料之裝填、往返飛行及噴灑等，約需7~10分鐘。

噴植材料拌合設備

現場拌料裝填作業（懸吊式）

橫抱式噴植機具

懸吊式噴植機具

腹掛式噴植機具

圖4-20 不同類型航空機具施工作業示意圖與施工照片

4-13 噴植工法施工作業常見問題

　　噴植工法施作後常見的問題與後續維護管理的改進對策，如表4-7。

表4-7　噴植工法施工作業常見問題與改進對策

問題類型	改進對策	相關照片
1. 噴植基材過薄或乾裂脫落造成厚度不足網材外露之情形。	噴植厚度應達設計之厚度，並考慮可能有乾裂收縮而致厚度不足之情形，若噴植後續壓密而致過薄，應進行補噴作業。	 因乾燥收縮而致噴植厚度不足
2. 基材均勻度不佳，或被覆網材出露情形。	客土噴植與厚層噴植時，為使噴植厚度均勻，可預先打入檢測樁檢測或以檢測尺實際檢查施工厚度。	 上下坡段種子發芽不均勻之情形（坡腳點位發芽生長較佳）
3. 因地形變化而致部分網材重疊不足，或坡面地形變化大時交疊處太少可能造成後續破壞問題。	鐵網網材重疊處至少 10 cm 以上，塑膠網材需 20 cm 以上，地形變化大之地區，重疊處應酌量增大。	 稻草蓆重疊不足或重量不足
4. 基材不良與乾縮壓密造成種子不易發芽。	原則上；施工完成後兩個星期，坡面進行灑水維護工作，可提高發芽率，亦可使種子快速生長，達到覆蓋坡面、保護基材及減低沖蝕之效果。	 僅在裂縫生長情形

問題類型	改進對策	相關照片
5. 含噴植木本植物種子噴植時，因周圍草類植被密度過高，壓縮其生長空間。	草木混播時，期待木本植物種子發芽及快速群落生長時需加強基材之保水、保肥力及減少草本植物種子之用量。需能看到木本植物存在以確認植生之效果。	臺灣欒樹之生長可能受高狐草抑制
6. 網材造成木本植物根系基部束敷。	網材是否造成木本植物根系基部束縛及影響生長之問題，依現地調查得知，網材尚無明顯影響先驅木本植物生長及滯礙演替之情形，唯仍有再研究之必要。	
7. 網材過密而影響植物生長。	配合噴植導入作業之區域，規劃設計時原則上應避免使用過密網材。	網材過密僅有藤本植物生長
8. 基材不良易生沖蝕情形。	基材配方增加纖維材料、團粒化劑用量，或加強基材膠結性材料，避免基材受沖蝕而滑落。	
9. 黏著劑用量太大（水泥等）易致植物發芽生長不良。	參考相關試驗研究報告與基材配方資料，斟酌黏著劑用量，或配合網材覆蓋、敷蓋稻草蓆等，以達防沖效果。	

問題類型	改進對策	相關照片
10.基地外緣太陡及不安定土石，致網材掉落情形。	網材上緣需延長至坡頂上方 5 公尺以上（視其樹木生長或配合噴漿排水溝之情形而定）。	

第5章
景觀生態考量規劃設計

5-1 道路植生綠化與行道樹植栽規劃設計（一）

1. 道路植生綠化規劃原則

　　道路是交通工具通行之路徑，道路主題工程泛指道路路面、兩側邊坡安定與保護工程、基礎擋土牆、坡面與路面排水和道路植栽等。

(1) 有關道路路邊植生綠帶之配置，應分別考量車輛駕駛人視野，及提供引導生物移動、避免撞上鳥類、減少人為干擾等優點，如圖5-1。

(2) 考量車輛駕駛人視野與安全時，可選用有不同高度之樹木，於距路肩外側先種植地被植物，約2~5公尺距離開始栽植樹木，由小灌木、大灌木、小喬木漸次到中、大喬木。樹木種類應減少使用易落葉和掉落大果之樹種，保障開車者安全。

(3) 行道樹為栽植於道路兩旁或中央安全島上之喬灌木（圖5-2），與一般栽植作業方法本質上差異不大，唯行道樹之栽植空間、密度、環境、後續維護管理作業，需視不同道路類型予以規劃。在樹種選擇上需考量道路用途、環境改善功能與植物之適地性等。

2. 行道樹選種之基本考量與常見問題

(1) 植栽選種宜考量基地環境條件，用路人車之安全，以具適地性且易維護管理的本地樹種為宜，避免選用生態入侵種，或具不良氣味、有毒花粉、易分泌汁液或易落果之樹種。

(2) 植物材料需選擇容易取得之樹種，因行道樹大部分針對公共工程使用，應以繁殖容易且能大量生產者為宜。

(3) 若採用淺根、板根、柱狀支持根之樹種，應考量避免爾後產生負面之影響。

(4) 應考量樹種之抗風性。依樹木受風損害狀況不同，可分為風倒木、傾斜木、枝折木、幹折木等，如圖5-4。

(5) 需注意枝條、樹冠高度與樹形大小是否影響視線或電線與建築物。

圖5-1　道路兩側植生帶配置示意圖
（上圖：環境生態考量；下圖：車輛駕駛人考量）

茄苳

道路兩側完整自然植被具環境保育功能
（日本琉球）

樟樹

白千層

圖5-2　優良行道樹與植被照片例

木棉果熟後棉絮飄落易造成過敏，
木棉花掉落易造成路面打滑

第倫桃等植物，落果易造成行車危險

淺根系易造成路面裂損影響道路安全

大王椰子落葉易砸傷人

植物下垂枝過低或冠層過低遮擋號誌
與路燈光線

樹型過大或過於開展樹型於都市地區
易影響電線與建築面招牌等構造物

盤根問題

掌葉蘋婆開花時有特殊臭味

圖5-3　常見行道樹之環境影響問題

1. 風倒木：因強風造成根系拉斷、土壤基部隆起而致樹體呈現完全倒伏情形。

2. 傾斜木：因強風造成樹體搖晃，土壤基部隆起及樹木傾斜情形。

3. 枝折木：因強風造成分枝折斷或嚴重落葉情形

4. 幹折木：因強風造成樹幹斷、分枝裂開情形

圖5-4 樹木受風害之類型

5-2 道路植生綠化與行道樹植栽規劃設計（二）

3. 道路植生綠化設計考量

(1) 鄉村或市郊等地區，為表現自然景觀或當地植栽特色，宜採多種類之原生或鄉土樹種，考量以自然群植方式配置。

(2) 植栽設計時宜考量防止眩光、誘導車行、遮蔽不良景觀、綠蔭、減低噪音、減少空氣汙染並不得妨礙行車視線。

(3) 路口為保持良好行車視距，植栽帶距停止線25公尺內，宜栽植高度低於0.5公尺之灌木或草花。距停止線50公尺內之植栽帶，於駕駛人視線水平高度5.5度仰角區間內之枝葉應予以剪除。車道出入口或標誌系統附近，應避免植栽遮蔽視線（圖5-5）。

(4) 植穴需有足夠生長空間，並考量土壤通氣性、排水性、保水性及易於導入雨水澆灌之功能。

(5) 人行道植穴與植栽帶面積儘量加大，淨寬至少1公尺，並以中小型喬木為主體，樹木栽植間距大於6公尺為原則，並配合一般建築柱位，優先採連續性帶狀方式設計（圖5-6）。

(6) 為確保樹枝下人車通行的基本高度，其分枝高應在2公尺以上。

(7) 中央分隔島植栽以複層植栽為原則，寬度大於7公尺以上者建議採交叉種植；栽植縱向間距以大於6公尺為原則（圖5-7）。

(8) 鄉村道路綠化設計可選用有不同高度樹木，於路肩外側先種植地被植物，約2~5公尺距離開始栽植小灌木、大灌木、小喬木漸次到中、大喬木（圖5-8）。

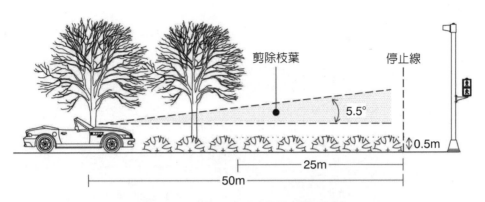

剪除枝葉　　　　　　　　　　停止線

5.5°

0.5m

25m

50m

圖5-5　道路良好行車視距示意圖

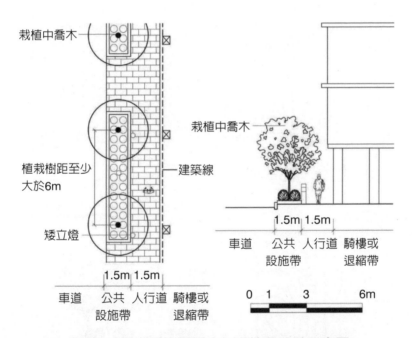

栽植中喬木

栽植中喬木

植栽樹距至少
大於6m

建築線

矮立燈

1.5m 1.5m

車道　公共　人行道　騎樓或
　　　設施帶　　　　退縮帶

1.5m 1.5m

車道　公共　人行道　騎樓或
　　　設施帶　　　　退縮帶

0　1　　3　　　　6m

圖5-6　都市道路兩側人行道植栽設計示意圖

（註：參考市區道綠生態廊道整體建構計畫繪製）

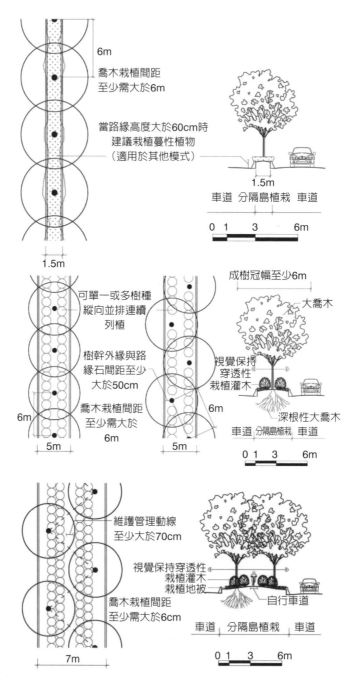

圖5-7　都市道路不同寬度（1.5m、5m、7m）分隔島植栽設計示意圖

（註：參考市區道綠生態廊道整體建構計畫繪製）

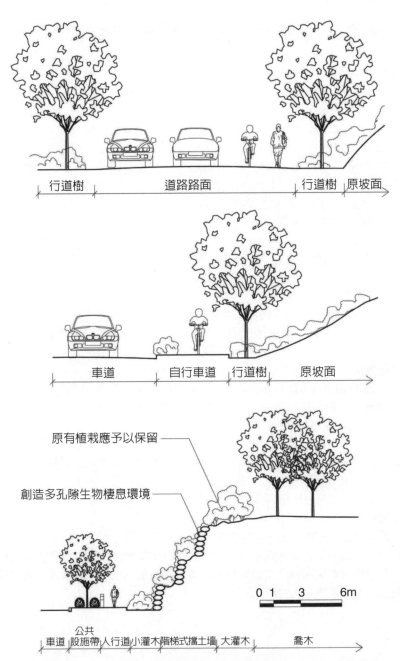

行道樹　　道路路面　　行道樹　原坡面

車道　　自行車道　行道樹　原坡面

原有植栽應予以保留

創造多孔隙生物棲息環境

0 1　3　　6m

公共
車道 設施帶 人行道 小灌木 階梯式擋土牆 大灌木　　喬木

圖5-8　鄉村道路不同類型植生綠化設計示意圖（上：一般景觀道路；
中：含自行車道；下：陡坡面植生護坡）

（註：參考市區道綠生態廊道整體建構計畫繪製）

5-3 綠籬、綠壁與活牆系統規劃設計（一）

1. 綠籬

(1) 定義

「綠籬」是指將植物密植排列當作圍籬，以達到區隔空間、引導動線、排列圖案、軟化建築、構成圖案、消噪減光或阻斷視界為目的之園景設施。

(2) 綠籬植物

泛指可作綠籬使用之植物，通常具有常綠、生長旺盛、耐修剪、萌芽力強的生長習性及可供觀賞的功能。一般以分枝旺盛的灌木為主，竹類、適合修剪矮化的樹木及藤蔓植物配合支架、格網等材料支撐亦可作成綠籬。

(3) 綠籬類型（如圖5-9及圖5-10）

① 低矮綠籬

植株高度約維持在45 cm（膝高）以下。多使用植株矮小、葉片細緻的灌木，如矮仙丹、六月雪、黃金葉金露花、小葉黃楊等。

② 中型綠籬

高度維持在90~120 cm（腰高）左右，有引導動線與阻隔空間的效果，但不影響視線穿透性。適用植物如杜鵑花、月橘、立鶴花、女貞、玉利紅（冬青）、春不老等。

③ 高型綠籬

株高維持在150 cm以上者（眼高），主要當作圍牆使用，以阻斷視界及防止外人踰越。多使用樹冠緻密，枝葉粗硬、堅韌的樹種，如羅漢松、火刺木、福木、厚皮香、紅芽石楠等。

④ 藤蔓綠籬

利用既有圍牆、欄杆、鐵絲網等人工設施，讓成長迅速的藤蔓植物攀爬其上形成綠籬，具有阻隔性良好，與花繁葉茂的高觀賞性。如炮仗花、蒜香藤、落葵、使君子、忍冬、珊瑚藤、九重葛等。

⑤ 樹籬

樹籬是一個通稱的名詞，指主要由木本植物所構成之帶狀林帶，可作為防風、防塵、淨化空氣及棲地廊道之用。人工開發地區所保留的自然林帶或人為修剪的林帶綠籬均屬廣義之樹籬類型，但與上述綠籬相比，樹籬常指管理較為粗放而保留樹木自然形態的林帶。

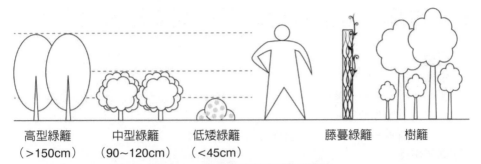

高型綠籬　　中型綠籬　　低矮綠籬　　　　　藤蔓綠籬　　樹籬
（>150cm）　（90~120cm）　（<45cm）

圖5-9　不同綠籬類型示意圖

低矮綠籬：修剪之矮仙丹作為圍牆美化	高型綠籬：朱槿作為戶外圍牆
中型綠籬：圓柏列植做為空間引導	藤蔓綠籬：民宅圍牆種植雲南黃馨
樹籬：栽植於海岸堤防外緣之樹林帶（欖仁）	樹籬：河岸濱水林帶

圖5-10　綠籬類型與植栽例

5-4 綠籬、綠壁與活牆系統規劃設計（二）

2. 綠壁

(1) 定義

綠壁係指利用蔓藤或蔓灌植物自然攀附生長所構築的垂直綠面，可做爲構造物垂直綠化之用。其特點爲低成本、低環境負荷，但需較長的生長時間，且需控制其生長狀態，以維持綠壁品質及避免相關設備受藤類入侵破壞。

(2) 綠壁植物

綠壁植物可分爲懸垂植物、攀援植物與附著植物。懸垂植物如雲南黃馨、山素英、橙羊蹄甲藤等；攀援植物如蒜香藤、紫藤、炮仗花，附著植物如薜荔、地錦、長春藤等。

(3) 綠壁之設計類型

設計時常使用栽植槽與攀爬輔助設施配合綠壁植物栽植。栽植槽之位置因植物生長習性而不同，如圖5-11。

(4) 藤苗輔助設施選用

依藤類植物之不同攀爬形式選取適當輔助材料，以利期攀爬與生長。不同攀爬類型所適用之輔助設施如表5-1、圖5-13，相關應用例如圖5-14。

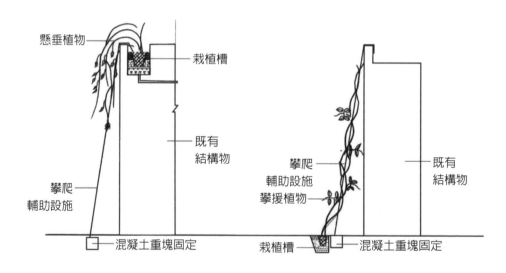

栽植槽配合懸垂植物　　　　　栽植槽配合攀援植物

圖5-11　綠壁設計類型示意圖

附著藤類綠壁—薜荔（以鬚根附著牆面）　　網材輔助附著藤類—長春藤

匐匍性懸垂藤類—越橘葉蔓榕　　懸垂藤類—橙羊蹄甲藤（各樓層女兒牆）

圖5-12　利用附著藤類與懸垂藤類植物所構築之垂直壁面綠化例

表5-1 蔓藤植物的攀爬型式與攀爬輔助設施之關聯性

攀爬形式	植物名稱	不須補助設施	各類網材			柵狀格框	單立柱
			塑膠網	細網眼鐵絲網	粗網眼鐵絲網		
附著型	薜荔	◎					
	地錦	◎					
	絡石	○	○	◎	○		
	軟枝黃蟬		◎	○	◎	◎	
	紫葳	△	○	○	○	△	
	使君子		○	○	◎	◎	
攀援型	蒜香藤		◎	○	○		◎
	洋凌霄		○	○	◎	◎	◎
	錦屏藤		◎	◎	◎	◎	◎
	忍冬		◎	◎	◎	◎	◎
	龍吐珠		○	○	◎	◎	○
	炮仗花		○	◎	◎	◎	◎
	紫藤		◎	◎	◎	◎	◎
	蝶豆		○	○	◎	◎	○
懸垂型	鷹爪花						
	雲南黃馨						
	伯萊花						
	山素英						
	木玫瑰						

圖例說明：◎攀爬不受限；○攀爬略受限；△攀爬受限大

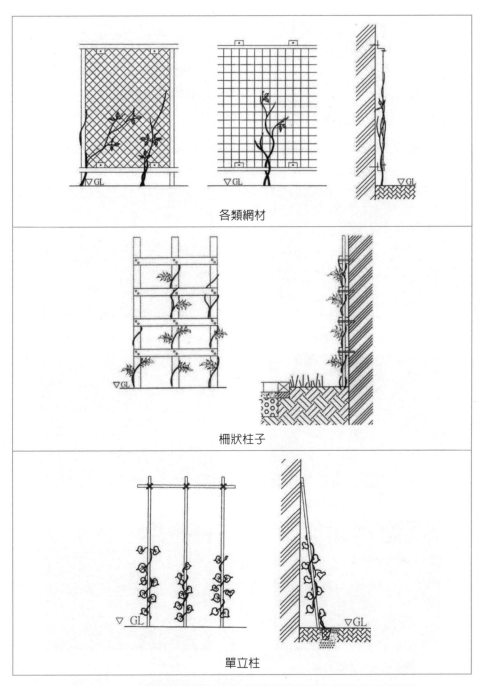

各類網材

柵狀柱子

單立柱

圖5-13　不同攀爬輔助設施應用於綠牆植栽設計示意圖

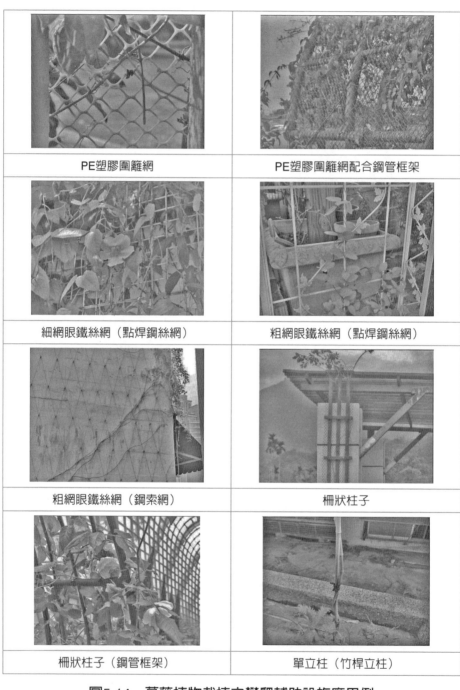

PE塑膠圍籬網

PE塑膠圍籬網配合鋼管框架

細網眼鐵絲網（點焊鋼絲網）

粗網眼鐵絲網（點焊鋼絲網）

粗網眼鐵絲網（鋼索網）

柵狀柱子

柵狀柱子（鋼管框架）

單立柱（竹桿立柱）

圖5-14　蔓藤植物栽植之攀爬輔助設施應用例

5-5 綠籬、綠壁與活牆系統規劃設計（三）

3. 活牆系統

(1) 定義

利用一些模組化的容器或土工布氈與不織布切口形成的口袋或栽植槽體，種植低矮灌木、蕨類與耐蔭性植物等，所構成之垂直牆面植生綠化系統。其特點爲成本高，但高度較不受限，且植栽種類之選擇性高。近十幾年來出現在工地綠圍籬與商業空間的垂直綠化，大多爲活牆系統；活牆系統大致分爲兩類，分別爲口袋型、模組化容器型，如表5-2。

(2) 活牆植物

活牆植物係指種植於垂直牆面槽體中之植物，植物的選種因栽植槽所提供之生長條件、載重與固定方式、植物配置設計等而有所不同，一般分爲室內、室外、向陽面與背光面等應用植物。植物種類以多年生小灌木或草本爲主。

(3) 活牆系統之設計類型（如圖5-15～圖5-17）

① 口袋型垂直植栽設計

使用類似不織布毛氈之吸水、透水性材料製成片狀，做爲植生基盤，並劃上若干缺口，造成類似口袋的開口，填入植物生長所需的土壤介質。其水分流通、根系生長範圍較大，不易因單一滴灌系統堵塞而造成單一容器水分、養分供給受阻，灌溉方便；而其切割的位置與方式也適用於美學的安排，適合大面積、高度較高的垂直面綠化；但因開口的大小與結構支撐的因素，無法種植大於6寸苗盆以上的植栽。

② 模組化容器植栽系統

模組化容器系統係將數個獨立的容器掛於網架上，並加入灌溉排水系統所組合成的立面綠化系統。從簡單的工地綠圍籬，至需長期綠化效果的公共建築或商場等常廣泛應用，其造價與模組系統的複雜程度視設計需求而有所差異。

表5-2 不同活牆系統類型材料特性

	支持材料	植被	澆灌	排水
口袋型垂直花園	土工布氈	灌木，草和多年生植物	牆壁上的頂部滴線	–
模組化容器系統	鍍鋅鋼，不鏽鋼，輕便和/或柔性聚合物，陶瓷	灌木，草，多年生和肉質植物	每一模塊的頂部滴線	側面和下孔

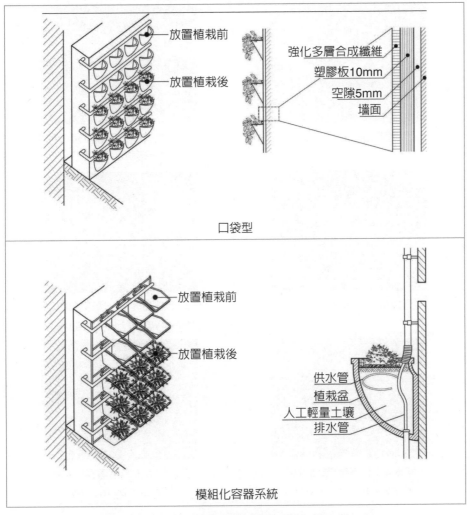

圖5-15 不同活牆系統植栽設計類型示意圖

不織布口袋型

不織布口袋型施工5年後仍有90%植栽存活
（臺中）

口袋型PE織網（新加坡）

各品種黃金葛搭配斑葉鵝掌藤、觀賞鳳梨
與書帶草（新加坡）

口袋型不織布（新加坡）

口袋型織網外加一層鐵絲網支撐
（Parkroyal on Pickering Hotel）

搭配其它裝修材整體效果
（Parkroyal on Pickering Hotel）

口袋型外部有澆灌管線穿過
（Garden by the bay）

圖5-16　口袋型垂直植栽設計照片例

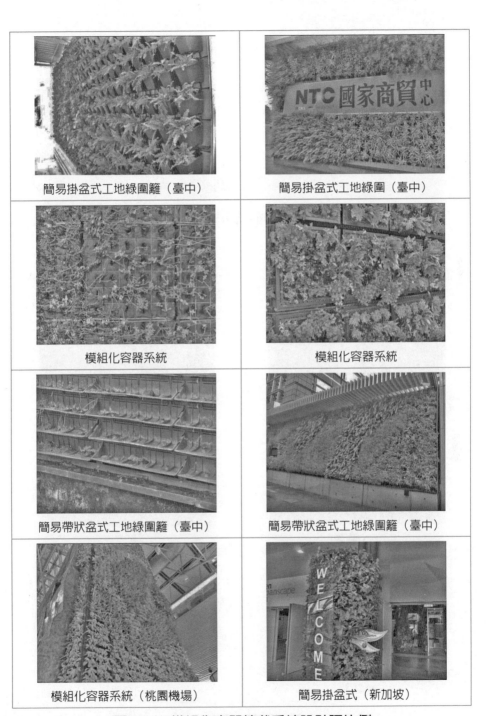

圖5-17　模組化容器植栽系統設計照片例

模組化容器系統（新加坡）

模組化容器系統（Garden by the bay）

圖5-17　模組化容器植栽系統設計照片例（續）

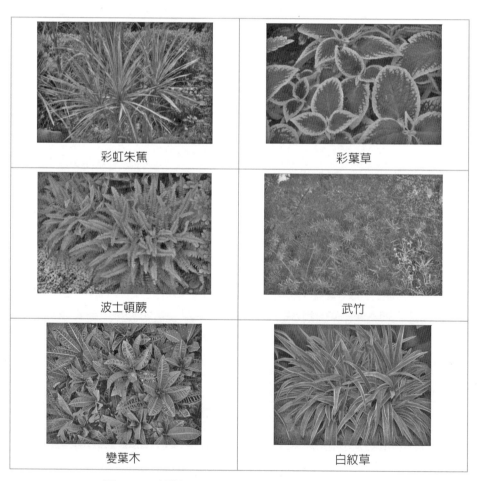

彩虹朱蕉

彩葉草

波士頓蕨

武竹

變葉木

白紋草

圖5-18　綠籬、綠壁與活牆系統常用植物例

5-6 誘鳥、誘蝶植生規劃設計（一）

1. 誘鳥植生規劃設計

(1) 鳥類棲地環境類型

　　臺灣的鳥類依停棲時間長短，大致可分為留鳥、候鳥、迷鳥等三大類，其中留鳥約150種。亦可依棲地環境分別稱為水鳥或陸鳥。水域環境的鳥類大部分以水中或水邊活動的生物為食，僅與水邊植物、泥灘、或岸邊作為棲地與築巢環境。陸域環境的鳥類，則會因海拔高度及植被種類差異而有不同鳥種，可概分為低、中、高海拔地區鳥類。因植被類型不同，或可區分為棲息於農耕地、果園、低海拔闊葉林、人工針葉林、針闊葉混合林及高海拔箭竹林等不同植被棲地之鳥種。鳥類棲地類型與代表性鳥種示意圖如表5-3、圖5-19、5-20。

(2) 誘鳥林之基本設計考量

① 誘鳥林設計考量要項

　　配合野鳥的繁衍與覓食，誘鳥林的設計基本考量要項如表5-4。

② 誘鳥植栽配置設計

　　誘鳥植栽配置設計時須考量不同鳥種對覓食、飲水與水浴、庇護所等需求，其說明如表5-5及圖5-22。

表5-3　鳥類棲地類型概要

類型	說明
大棲息地	鳥類有各自喜歡的棲息環境，如針葉林、闊葉林、竹林、草原、灌叢、水域等，這種大尺度的環境稱為大棲息地。在鳥類大棲地通常位於不同林相交會帶，如圖 5-19。
小棲息地	棲息於同一類大棲地的鳥類，又會各自選擇不同棲息部位，例如有些鳥種選擇樹稍、有些選擇冠層或林下灌木叢來覓食或躲藏，如圖 5-20。

圖例

森林　　　　　小灌木叢

草原　　　　　農耕地

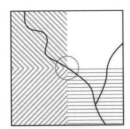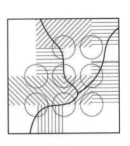

雜量度較低　　　雜量度較高
之大棲地　　　　之大棲地

水域　　　　　棲息適合處

圖5-19　鳥類大棲息之環境類型示意圖

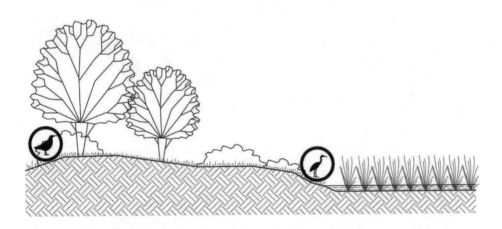

棲息於草灌叢　　　　　棲息於稻田或農耕地

竹雞	斑紋鷦鶯	大白鷺	黃小鷺	褐頭鷦鶯
番鵑	棕扇尾鶯	中白鷺	白腹秧雞	灰頭鷦鶯
黃尾鴝	白腰文鳥	小白鷺	彩鷸	斑文鳥
山紅頭	粉紅鸚嘴	夜鷺	田鷸	麻雀

圖5-20　森林植被地區鳥類小棲地之環境類型示意圖（1/2）

棲息於山區

黑鳶	斑點鶇	赤腹鷹
大冠鷲	冠羽畫眉	紅隼
日本松雀鷹	鳳頭蒼鷹	澤鵟

棲息於樹林上

灰喉山椒鳥	黃山雀
小卷尾	紅頭山雀
青背山雀	

棲息於樹林中

五色鳥	繡眼畫眉	綠繡眼
白頭翁	棕面鶯	斑文鳥
紅嘴黑鵯	黃腹琉璃	台灣藍鵲

棲息於樹蔭下

藍腹鷳	黃胸藪眉
八色鳥	黑長尾雉
赤腹鶇	臺灣山鷓鴣

圖5-20　森林植被地區鳥類小棲地之環境類型示意圖（2/2）

表5-4　誘鳥林設計之基本考量要項

項目		說明
遮蔽	基地外	以大喬木為主體，周圍為小喬木及灌木。 寬度最少 20 公尺之林帶，與溪流直角配置。 以容易造成鬱閉的速生樹種為主並稍為密植，形成複層植栽。 樹高 10 公尺時進行疏伐以利灌木入侵。
	基地內	避免外敵侵害，鳥類可以急速躲避的場所，平均散置區內。 由大、小喬木及灌木均勻配置，通常林冠與林緣較為密閉，由大、小喬木及灌木組成之複層林最佳（圖 5-20）。
食餌		以鳥餌植物為主，由各級不同高度林木組成，寬度至少 10 公尺。 樹種 10 種以上，每一樹種 5~7 株群植，具有不同開花結果時期。 邊緣密植，內部疏植，區域內提供水源通過。
繁殖		提供野鳥產卵育雛的場所。 應陽光充分，有適當濕度，且有緩傾斜地形。 週邊與外界稍隔絕，由密林包圍更佳。 維護管理應慎重，繁殖期不採伐及清掃地面。
其他		砂浴場：提供鳥類砂浴。 鳥巢箱：提供鳥類營巢及觀察生態使用。 食餌台：冬天食物缺乏時可考慮提供飼料。 穀物種植區：吸引食穀性鳥類。

圖5-21　鳥類遮避林（複層林）示意圖

表5-5　誘鳥植栽配置設計要點

項目	說明
覓食	不同的鳥種有不同的食物選擇，有些野鳥為食蟲性，有些則為食植物性。而這些草本、灌叢、喬木等不同植物提供不同食物來源。 因此在建造野鳥生存環境時，應考量利用多層次結構，加上不同群落適當分配。
飲水與水浴	野鳥除了由食物來源獲取水分，也會從河川、湖泊、露水攝取需要水分供應。某些鳥類也喜歡水浴，可提供鳥浴台吸引野鳥前來淨身
庇護所	供野鳥築巢、產卵、育雛之隱密場所，並躲避惡劣氣候或捕食者侵襲。一般鳥巢有兩類，一為樹洞，另一種為啣草、枝葉修築成巢。
其他	某些鳥類需要特殊生態區位或環境，如砂浴場、草原或邊際交界區域的複雜多樣性棲地。

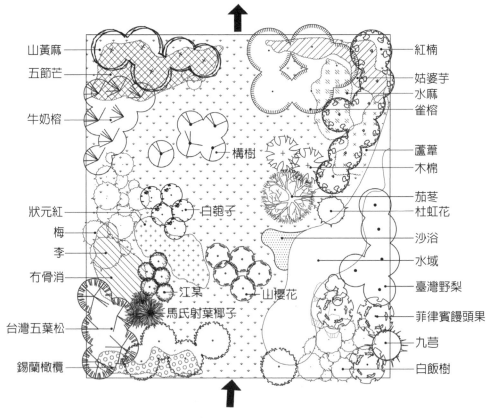

圖5-22　誘鳥植栽配置設計參考圖

5-7 誘鳥、誘蝶植生規劃設計（二）

2. 誘蝶植生規劃設計

(1) 蝴蝶的基本生態

① 蝴蝶屬於完全變態昆蟲，一生經歷卵、幼蟲、蛹、成蟲四階段。除幼蟲時期大量食草外，成蟲時期所需食量不多，

② 多數蝶種只攝食少數幾種植物的葉片，甚至也有單一食性的蝶。

③ 成蝶蜜源植物則多不受限，且與幼蟲食草大多不重疊。

④ 多數蝴蝶成蟲出現以5～7月最多。

(2) 蝴蝶園設計之考量要項

① 大部分大型美麗的蝴蝶喜歡在陽光下活動，並喜歡無強風環境，如有強風吹襲處，可種植樹籬擋風。

② 蜜源植物的選種與配置（如圖5-23）

    A. 盡量選擇可吸引較多蝶種前來之原生蜜源植物。

    B. 盡量針對同種蝴蝶配置其蜜源植物與食草植物。

    C. 需整體考量不同蝴蝶在不同時期的食物需求。

    D. 植物的花冠朝上較易吸引蝴蝶停留。

    E. 以多年生植物且錯開花期較優。

    F. 花朵顏色以黃、紅最能吸引蝴蝶，次為藍、紫花。

    G. 植物栽植需有不同冠層層次。

③ 園中設置淺水塘，並擺設圓石或假山石供蝴蝶休息。或可人工輔助供食、供水，設置供餌台、供蜜器、自動給水器，將糖水、蜜汁、腐爛水果置於供餌台（如圖5-24）。

(3) 蝴蝶園配置原則（如圖5-25）

① 中央賞蝶步道，便於欣賞兩側蝴蝶。

② 蜜源植物以配置於賞蝶步道兩側，以多樣化色彩化為主，且由矮至高安排。注意植栽寬度，以遊客能仔細觀賞蝴蝶之距離為限；遠處則配植幼蟲食草食樹。

③ 需配置流水，供蝴蝶飲水。

④ 蜜源植物栽種處應日照良好，促進生長開花旺盛以吸引蝴蝶前來。

⑤ 迎風面需以耐風植物，喬木與灌木配合建立擋風樹籬。

⑥ 塑造賞蝶園景觀，中景及近景盡量選取觀賞性高的植物。

⑦ 蝴蝶幼蟲食草與落果植物配置於角落。

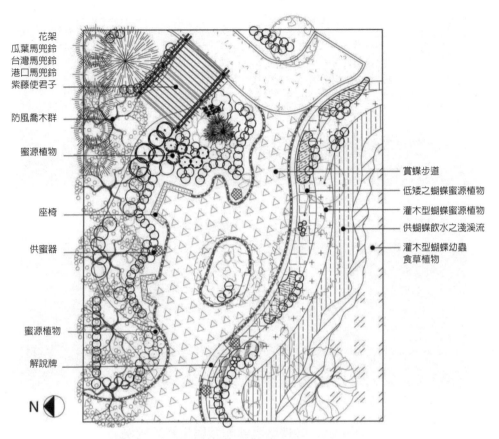

花架
瓜葉馬兜鈴
台灣馬兜鈴
港口馬兜鈴
紫藤使君子

防風喬木群

蜜源植物

座椅

供蜜器

蜜源植物

解說牌

N

賞蝶步道
低矮之蝴蝶蜜源植物
灌木型蝴蝶蜜源植物
供蝴蝶飲水之淺溪流
灌木型蝴蝶幼蟲
食草植物

圖5-23　蝴蝶園植栽配置設計參考圖（一）

蝶類解說牌	供蜜器
供蜜器	蝴蝶羽化箱

圖5-24　蝴蝶園誘蝶植栽與相關設施例

＋知識補給站

誘蝶植物之定義：

1. 一群以食物吸引蝴蝶出現的植物，主要包含食草植物及蜜源植物。
2. 食草植物（larval food plants），或稱寄主植物，指蝴蝶幼蟲的食草。
3. 蜜源植物（nectar-yielding plants），或稱供蜜植物，指吸引成蝶吸蜜的植物。
4. 部分蝶種會吸食某些植物的熟果或腐果汁液、樹幹或殘枝枯葉的滲出液，這些植物也屬「誘蝶植物」。

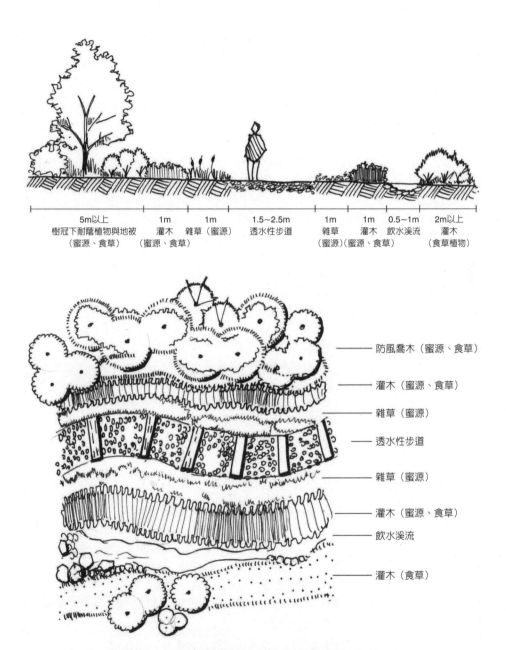

5m以上	1m	1m	1.5～2.5m	1m	1m	0.5～1m	2m以上
樹冠下耐蔭植物與地被 （蜜源、食草）	灌木 （蜜源、食草）	雜草（蜜源）	透水性步道	雜草 （蜜源）	灌木 （蜜源、食草）	飲水溪流	灌木 （食草植物）

—— 防風喬木（蜜源、食草）

—— 灌木（蜜源、食草）

—— 雜草（蜜源）

—— 透水性步道

—— 雜草（蜜源）

—— 灌木（蜜源、食草）

—— 飲水溪流

—— 灌木（食草）

圖5-25　蝴蝶園植栽配置設計參考圖（二）

5-8 誘鳥、誘蝶植生規劃設計（三）

3. 誘鳥、誘蝶植栽之選擇與管理

(1) 植栽種類多樣性：為引誘多種類之鳥、蝶，選用之植栽種類應具多樣性，以期一年四季皆有鳥、蝶出現。

(2) 適地適種：考量氣候、土壤、日照等環境因素，選擇適合之植物種類。

(3) 原生植物與園藝植物混植：園藝栽培種苗木取得方便，成本較低；但原生種叫具適宜生態性與永續性，長期而言，較外來種更利誘蝶誘鳥，並能減緩外來種的入侵。

(4) 選擇病蟲害較少且易於防治、更新之植物。

(5) 自小苗栽植起的樹木主根較能深入土壤，較穩固而不易風倒。大樹移植適當修剪，避免修剪過度而不利成長及美觀。

(6) 栽植時一併考量灌溉與排水系統。

(7) 避免於開花、結果季節進行修剪。

(8) 部分場所不適栽植誘蝶誘鳥植物，如機場、大型風力發電廠周邊。

表5-6　誘鳥植物種類參考表

食餌部位		植物種類
花	喬木	大葉桉、大葉溲疏、山黃麻、山櫻花、山柏、水柳、江某、李、珊瑚刺桐、洋紫荊、茄苳、桃、梅、梨、通脫木
	灌木	野牡丹、森氏杜鵑、聖誕紅、台灣八角金盤、長穗木
	草本及蔓性植物	台灣澤蘭、清飯藤、戟葉蓼、黃苑
果	喬木	九丁榕、九芎、大葉溲疏、女貞、小葉桑、山桐子、山黃梔、山黃麻、山櫻花、山鹽青、山柏、五掌楠、木瓜、牛奶榕、台東漆、台灣石楠、白匏子、沙朴、芒果、孟加拉榕、麵包樹、江某、百香果、血桐、青剛櫟、柿子、柑橘、枇杷、紅楠、苦楝、烏桕、茄苳、野桐、雀榕、無患子、菲律賓饅頭果、椰榆、幹花榕、榕樹、構樹、裡白蔥木、樟樹、樹青、玉山假沙梨
	灌木	大葉桑寄生、月橘、水麻、冇骨消、玉山小蘗、白飯樹、白樹仔、杜虹花、馬櫻丹、長梗紫苧麻、紅梅消、高山小蘗、高山白珠樹
	草本及蔓性植物	玉山鬼督郵、長果懸鉤子、冷飯藤、戟葉蓼、稻、豌豆、藤胡頹子、鄧氏胡頹子、五節芒、虎杖、玉山懸鉤子、姑婆芋、細葉碎米薺、紅果薹

表5-7　誘蝶植物種類參考表

食餌部位		植物種類
（幼蟲）食草植物	喬木	鳳凰木、荔枝、龍眼、水黃皮、樟樹、阿勃勒、鐵刀木、相思樹、膠蟲樹、大葉合歡、黃槐、榕樹、榔榆、櫸、垂柳、朴樹、小葉桑、山黃麻、血桐、野桐、羅氏鹽膚木、可可椰子、羅比親王海棗、過山香、柚子、柑橘、檸檬、洋玉蘭、白玉蘭、烏心石、饅頭果
	灌木	含笑花、安石榴、黃梔
	蔓藤	葛藤、薜荔、馬兜鈴、使君子、雙面刺、紫藤、雞母珠
（成蟲）蜜源植物	喬木	皺桐、茄苳、火筒樹、台灣欒樹、構樹、鳳凰木、荔枝、龍眼、血桐、野桐、
	灌木	杜虹花、藍雪花、六月雪、杜鵑、黃蝴蝶、朱槿、野牡丹、仙丹、金露花、冇骨消、馬櫻丹、龍船花、馬利筋、日本女貞、珊瑚油桐、聖誕紅
	蔓藤	百香果、山素英、串鼻龍、山葡萄、虎葛、金銀花、九重葛、葛藤

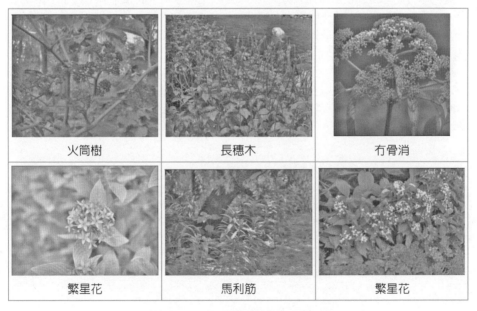

火筒樹	長穗木	冇骨消
繁星花	馬利筋	繁星花

圖5-26　常見誘蝶植物照片例

5-9 水域植栽規劃設計（一）

1. 水生植物之屬性分類

　　水生植物依據植物體成熟開花時，其葉片與水面的相對位置和生活習性，可分為下五種（如圖5-27）：

(1) 漂浮植物

　　漂浮植物的葉子漂浮於水面，但根系並沒有固著於土壤中，而是漂浮於水中；根系細長且柔弱，或已完全退化。漂浮植物喜生長於靜水域環境，無性繁殖機制非常旺盛，可迅速地布滿整個水面。

(2) 浮葉植物

　　指葉片自由漂浮於水面上，根系或地下莖固著於水下土壤層之水生植物。浮葉植物之葉片會因生活期而有不同的形狀變化。這類型植物根部所需要的氧氣經由葉片的氣孔傳遞供應，故其葉柄會隨著水的深度增加而迅速成長，以適應環境中的水位變動。

(3) 沉水植物

　　係指植物體完全或大部分沉沒於水中生長，根系固著在水下土壤層之水生植物，開花時，花沒於水中或挺出水面。植物體表面沒有或不具有發達的防止水分蒸散的構造，因此，植物體的地上枝一旦離開了水域，往往會快速失水、凋萎，甚至死亡。

(4) 挺水植物

　　挺水植物通常生長在水深50公分至1公尺左右之淺水區，其根系固著在水下之土壤層，莖葉的一部分或大部分伸出水面的植物。挺水植物的根系，大多具有走莖或根莖形態，其根系所需之氧氣係外界空氣經由莖葉內的通氣組織傳遞供應。

(5) 濱水植物

　　濱水帶係指陸與水域間之過渡地帶，或指河岸兩側高灘地與濕潤水域間之濱水區域。濱水帶植物受河溪兩岸土砂沖淤作用、河溪水位之高低變化、地下水及大氣相對濕度之綜合影響，而形成一特殊植生群落。其中優勢生長於濱水帶之植物，稱為濱水植物。

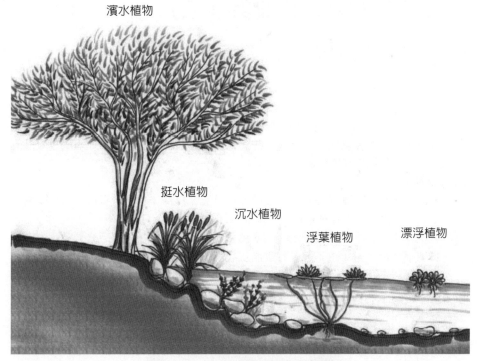

濱水植物

挺水植物

沉水植物

浮葉植物

漂浮植物

圖5-27　水生植物類型示意圖

✚ 知識補給站

　水生植物（aquatic plants; hydrophyte）顧名思義是以水為生存及生長媒介之植物。狹義上是指植物的生活史必須在有水環境下完成，亦即該植物一生都必須生活在水中，且能長出適應水域生長之根系與葉片型態構造。廣義上則包括生活史中有一時期生長於水中或生長於飽和含水量之土壤上之濕生植物。

5-10 水域植栽規劃設計（二）

2. 水生植物植栽之計量

(1) 漂浮植物

① 直徑在5公分以上之中大型浮水植物以株作爲計量單位，計量時需滿足設計圖說規定之植株規格（如植株葉片數）。

② 直徑在5公分以下之小型浮水植物（如槐葉萍等）以覆蓋水域面積平方公尺作爲計量單位，該覆蓋面積指所有植株緊密相鄰下所覆蓋之水面積並需滿足設計圖說規定之種植面積與位置。

(2) 浮葉植物

① 無地下走莖之大型浮葉植物（如睡蓮、芡等）以株作爲計量單位，計量時需滿足設計圖說規定之植株規格（如葉面直徑大小）。

② 有地下走莖之小型浮葉植物（如臺灣萍蓬草、蓴菜等）以每平方公尺內生長點株或叢作爲計量單位，計量時需滿足設計圖說規定之種植位置、面積及區域內成功存活之植株密度。

(3) 挺水植物

挺水植物以株、叢、平方公尺作爲計量單位，以平方公尺計價者，每平方公尺生長之密度由契約規定之，計量時需滿足設計圖說規定種植位置面積、及區域內成功存活之植株密度。

(4) 沉水植物

沉水植物以株、叢、平方公尺作爲計量單位，以平方公尺計價者，每平方公尺生長之密度由契約規定之，計量時需滿足設計圖說規定之種植位置、面積及區域內成功存活之密度。

3. 水生植物材料之選擇與應用

根據上述水生植物之生長習性及功能，水域地區應用植物選擇之考量要點及建議如下：

(1) 植物生長後之景觀：植物選種須具高歧異度，植栽設計應包含濱水植物、挺水植物、沉水植物、浮葉植物、漂浮植物等，如表5-8。

(2) 植物生長效率：考慮不同形式的植物生長型態與生長速率，包括相互競爭、入侵、生產及自然的生物入侵等，均會影響水池的機能及外貌。

(3) 植物之耐水性：如濱水植物與挺水植物對水淹沒深度與淹沒時間之容忍性有極大的不同，應依栽植位置之水深選擇適合的植物種類。

(4) 健化植栽之應用：植物健化即指階段性的提高植物萌芽與繁殖之容易度。由苗圃移植到生態水池水域之植栽，因其土壤水分條件不同，初期生長不易，故需將苗木移植至施工地點附近進行健化處理，以增加其萌芽和繁殖的容易度、提高抗病性等。

表5-8　臺灣地區常見水生植物之應用（例）

植物類型	植物名稱	代表植物照片
沉水植物 *	聚藻、石龍尾、馬藻、水王孫、小茨藻、苦草、絲葉狸藻、東方茨藻、瘤果簀藻、水蘊草、臺灣簀藻等。	 水蘊草聚藻
浮葉植物	田字草、芡實、臺灣萍蓬草、白花水龍、臺灣水龍、小莕菜、龍骨瓣莕菜、印度莕菜、空心菜等。	 田字草印度莕菜
漂浮植物 *	槐葉蘋、青萍、紫萍、水鱉、水萍等。	 青萍水萍
挺水植物	開卡盧、紅辣蓼、紅蓼、田蔥、荸薺、單葉鹹草、莞、蒲、香蒲、水蕨、鐵毛蕨、水紅骨蛇、水馬齒、長梗滿天星、石龍芮等。	 開卡蘆香蒲
濱水植物	水柳、水社柳、筆筒樹、過溝菜蕨、月桃、野薑花、構樹、黃槿、九芎、茄苳、穗花棋盤腳、大布榕等。	 水柳穗花棋盤腳
岸邊石縫植物	過溝菜蕨、腎蕨、生根卷柏、石菖蒲、鐵線蕨、海金沙、越橘葉蔓榕、石菖蒲、姑婆芋等。	 腎蕨越橘葉蔓榕

＊上述沉水、漂浮植物材料之利用，使用時應考量維護管理之可行性，特別是生長快速或在水中大量生長可能影響水質或棲地品質時，須謹慎考慮。

＊資料來源：水生植物手冊（行政院農委會，2007）。

5-11 水域植栽規劃設計（三）

4. 濱水帶植栽設計

濱水帶為陸域與水域生態棲地之交會帶，為導入動植物之理想廊道區域，其植栽設計原則如下：

(1) 濱水帶植栽設計以採取複層式為原則，營造多層次、多物種生物組成環境，構成具韌性的林緣效果，以強化對自然逆境之抵抗能力。藉由多層次植栽之阻截效果，營造具攔汙、過濾與吸附作用的植栽濾床，形成具一定縱深的緩衝帶。

(2) 濱水帶坡度以1：3（垂直：水平）比例為原則，必要時可考慮階段式設施，分段設置平台。平台高度控制在15~20公分以下，以緩坡化、低矮化方式構成順暢之生物通道，提供小型動物及昆蟲上下運動空間。平台高度小於15公分旨在考慮昆蟲跳躍、垂直爬升時，藉由草莖高度提供必要遮蔽保護。

(3) 濱水帶區域一般以透水性鋪面為原則，以自然滲漏方式提供順暢之介質轉換機制；為促進植物復育，可加鋪約30公分砂質壤土改善植生基盤。

(4) 濱水帶坡度較大區域考慮設置緩流設施，依等高線植草或設置連續矮柵及排樁等防止表土沖蝕。

(5) 濱水帶之縱深、植生密度、植生種類之配置與池岸坡度、土壤質地、地下水位、輔助截流設施之有無等相關，需視實際環境條件以及期望之緩衝效果進行設計。

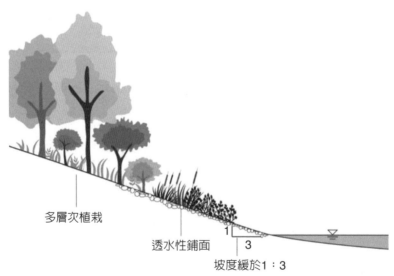

多層次植栽

透水性鋪面

坡度緩於1：3

圖5-28　濱水帶植栽設計示意圖

圖5-29　適合於水陸域交界帶之植物

5-12 生態水池景觀與植栽設計

1. 規劃設計考量要點

兼具景觀休憩功能的生態水池，其設計重點在強調結合生態與親水概念，各區位之規劃原則詳如表5-9。水域空間以沉水、浮葉、飄浮、挺水等類型水生植物複層栽植，搭配濱水區域複層混植，營造多樣生態棲地。利用自然生態構成元素間的相互作用，以呈現生態之運作機制與美質。如圖5-30至圖5-32。

2. 栽植方法與維護管理

(1) 生態水池植物之栽植方法

包括使用含種子土壤之混合物促進演替生長、植物地下莖或塊莖之扦植或整株植物之苗植等。容器苗植栽雖最初的價錢較高，但其存活率較高，爲確保水域植物固著及生長良好，亦可採用纖維網束或泥炭盆栽植。

(2) 密度

種植密度因植栽種類而異，挺水性植物約每平方公尺1株，較小之草花植物則以每平方公尺2株爲準。某些植物具侵略性，可能需要限制其在盆內生長。

(3) 植栽季節

植栽季節需配合植物之生理狀況及水域之水文條件，如果來不及種植，可延緩至翌年栽植。

(4) 浮葉植物之維護管理

浮葉植物蔓延快速，應配合植物管理措施。包括強化濱水帶樹木之遮蔽日照、保留部分開放性水域，或可採用浮索、繩索、竹竿等攔截設施，圍束浮葉植物於一定範圍生長。

(5) 肥料之管理

應避免使用易流失之化學肥料，宜以低生產力爲設計標的，在植栽穴底下置入有機肥或緩效肥料，可限制藻類繁殖。

(6) 自生植物之應用

生態水池植物應善用該區域自生的植物爲主，除非爲加速自然植被的再生，才採用人工種植方法。

(7) 枯枝落葉的處理

過多的枯枝落葉會影響水質變化，可做適度的修除，但仍須保留部分做爲水生動物之隱藏或棲息場所。

(8) 生物之管理

如種植外來植物，應侷限於特定區域，避免其擴大蔓延；如發現其擴大蔓延或非規畫引入之外來植物，應立即移除，以維持水中生態平衡。

表5-9　生態水池各區位之規劃原則

項目與區位	規劃設計原則
水源	生態水池之水源可利用雨水、環境逕流、自然湧泉三種基本形式給水,最好具備多種水源,以提供穩定水源,避免枯水期缺水。除此之外,應設法使其清潔與穩定,進水管道及出水管道以隱藏方式設計;池中及岸邊植物視其生長及競爭情形隨時做必要之整理,俾利維持水流之順暢。
水深	以安全考量為主,大部分池面水位以不超過 60 公分為原則,且應具有變化,在 10~60 公分間配置不同之比例。如為有利於較多魚類棲息過冬,可於池中間區域保持小區域水深 100 公分之深水區,深淺水區之比例視生態水池環境條件與設定目標而定。
面積	水池面積宜大於 150 平方公尺,以維持最基本的生態系能量與物質循環之穩定性。對於面積大於 8,000 平方公尺之水體,則較適合以湖泊生態系視之。
形狀	設計不規則的形狀,可增加水池的邊緣效益,有助於增加生物對棲息地之選擇性;如果有足夠的空間,可考量設計成數個不同大小的水池,各水池以小水道連接,可創造水流或高差的效應。
池底	除滯洪池外,設計具有蓄水功能之生態池應具備不透水池底,一般以含 40% 黏土之土壤約 30~60 公分舖底壓實,可達防止入滲之效果。充分壓實可達部分防漏效果,不宜使用水泥或磁磚等,並於池底挖溝、堆石、堆木塊、放置多孔隙材料等做成深淺不一,具有變化之地形,提供水生生物利用之選擇。
池岸	水岸之邊坡坡度應介於在 5~35° 之間為宜,超過 35° 時需配合坡面穩定設施,並以自然之土壤、木材或天然石塊砌成,營造動物喜歡之緩和邊緣,如無特殊目的切勿設置成垂直堤岸或使用水泥、磁磚,尤應注意邊坡要維持多孔隙性及多變化性,以利動物之活動及棲息隱蔽。
植栽	依不同水深,栽植原生之挺水、沉水及浮葉等植物,岸邊栽種耐水之濱水之原生地被、灌木及喬木,並應使植物、枯枝落葉和水體有最多的接觸面。池岸為重要的生態轉換地區,應盡量維持多樣化的水岸環境,栽植豐富的岸邊水生植物,以提供鳥類及動物築巢、休憩、繁殖的隱蔽屏障。

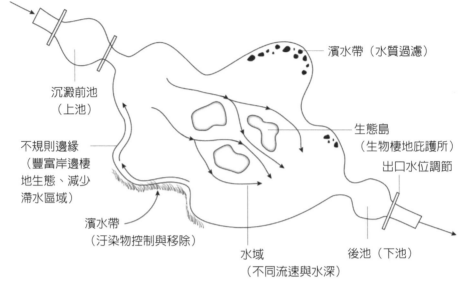

水源（如溪流、地下湧泉、降雨）

濱水帶（水質過濾）

沉澱前池
（上池）

生態島
（生物棲地庇護所）

出口水位調節

不規則邊緣
（豐富岸邊棲
地生態、減少
滯水區域）

濱水帶
（汙染物控制與移除）

水域
（不同流速與水深）

後池（下池）

圖5-30　生態水池基本結構與功能示意圖

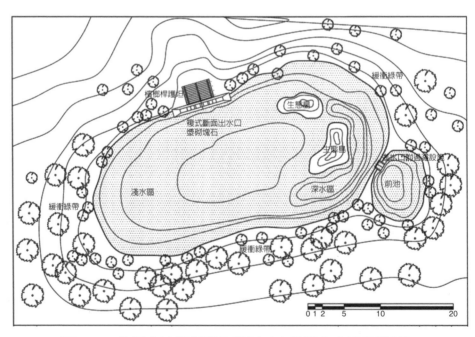

緩衝綠帶

檳榔桿護岸

生態島

複式斷面出水口
縷砌塊石

生態島

緩衝綠帶

淺水區

深水區

出水口前過濾設施

前池

緩衝綠帶

0 1 2　5　　10　　　　20

圖5-31　生態水池規劃構想圖例（南投縣中寮鄉和興村）

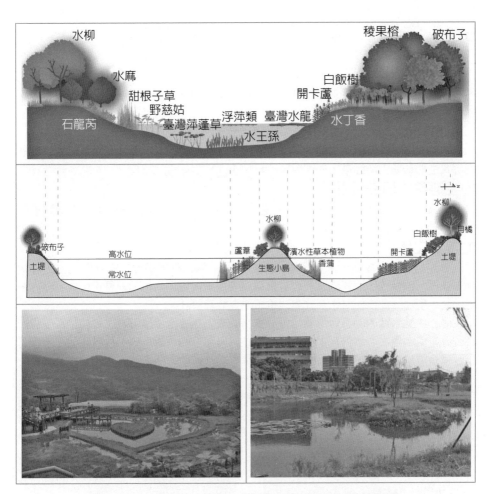

圖5-32　生態水池剖面示意圖及植栽規劃案例照片

5-13 生態島與生態浮島之植栽設計

　　生態水池之水域面積約大於0.2公頃時即可於水中設置生態島，可為水鳥及其它水生動物提供較低干擾的棲地（庇護所），並促進水的貯留，減少汙染沉澱物再懸浮和流動到下游的機會。

1. 設計類型

　　生態島設計可依景觀、生態、排洪、除汙、水池面積等水池條件及功能需求，設計固定式生態島或生態浮島，如圖5-34及圖5-35。

2. 生態島之植栽設計

　　混合種植多樣化植物，包括喬木、灌木、草本植物等（圖5-36）；如果空間不夠大，亦可以浮水植生栽植槽取代生態島。

3. 浮島之建立

　　生態浮島的浮力來自於人工載體，載體的選用需具有可靠性、維修簡便、設計與施工彈性、耐候性佳等特點。一般最常採用各種不同管徑的PVC管材組裝成為漂浮載體，而小型之浮島或使用組合式漂浮載體配合植栽設計。

　　設置於生態水池內的生態浮島，由於植物並未生長於土壤機質之中，植物需要的所有養分需由水體之溶解物質中吸收獲得，類似農業上的水耕系統，故需評估汙水水質是否適合選用之水生植物生長發育，必要時需設計輔助初期發育的基質材料。

4. 生態浮島植栽材料之選擇

(1) 生態浮島植生系統主要由挺水植物所構成，針對高汙染濃度的水質條件，可選用蘆葦、香蒲、茳茳鹹草、水毛花、大安水蓑衣等耐汙能力強、根系健壯、發育迅速、生長旺盛的種類。

(2) 當主要植群發育穩定後，可於浮島內側水質較佳的區域增加中小型挺水植物的栽植，如窄葉澤瀉、多花鴨舌草、大葉石龍尾、野慈姑等，以提高生物多樣性與景觀美感。

(3) 另外亦可在中央區域降低載體底部高度，設計較深水的環境，栽植沉水與浮葉型水生植物，像是水王孫、圓葉節節菜、苦草、金魚草、田字草、臺灣萍蓬草、莕菜類等水生植物，創造更自然的濕地景觀與生態系統。

圖5-33　生態島設計示意圖（左：浮島式、右：固定式）

圖5-34　生態浮島植栽設計（日月潭拉魯島）

圖5-35　組合式漂浮載體配合植栽設計例

圖5-36　生態島植栽設計照片例

5-14 生態水池護岸保護與植栽設計

　　生態水池護岸設計，應滿足現地水文條件之要求，以能維護或營造原有生物棲息繁衍之棲地環境爲目標，儘量採用對環境較爲友善之材料及工法。唯因生態水池之豐枯水量差異甚大，僅就常用之池岸類型，依其可適用範圍、水文條件限制、可塑造之生態環境、提供之生態功能及預期成果等加以說明。惟實際生態水池設計時仍應配合現地情況做局部調整。

1. 乾砌石護岸

(1) 適用於需防止滲流水滲入池岸坡面且流速小之地區，尤其可防止池岸坡面受滲流水侵入後產生管湧淘空破壞。

(2) 砌石護岸可作爲擋土牆阻擋池岸坡面後方之土壓力，且砌石之縫隙可提供兩棲類、爬蟲類等生物棲息躲藏環境可提供動植物棲息之用。

(3) 表面具有自然的景觀。

(4) 可以較緩之坡度以及較低之高度進行設計，可提升生物親水之效果。

2. 拋石護岸

(1) 原則適用於中、低流速、沖蝕小、縱坡平緩之池段。

(2) 工址周圍石材之供應無慮時。

(3) 考慮生態性，其拋石縫隙可供動物棲息及植物生長。

3. 混凝土砌石護岸

(1) 包括混凝土砌石護岸、漿砌石護岸、混凝土蓆墊砌石護岸等。

(2) 混凝土砌石護岸較乾砌石護岸結構穩固，可適用於土質較差且崎嶇不平之池岸。

(3) 適用於須防止滲流水滲入池岸坡面之地區；尤其可防止坡面受滲流水侵入後產生管湧淘空破壞。

4. 木樁捲包護岸

(1) 適用於低流速河道，或親水性高之水池或景觀需求較高之地區。

(2) 可用於需緊急處理之暫時性護岸，且其具有重覆性高及施工迅速等特性。

(3) 不適用於沖蝕嚴重之區域。

(4) 護岸具低矮化、透水化及自然化特性。

5. 木排樁護岸

(1) 適用於非水力攻擊面之岸坡及岸基局部沖蝕流失，現場石材料源稀少，機械不易到達施工之區域。

(2) 考慮木材之耐府性可在靜水域或流速較低時，可採用之。

(3) 木樁可使用疏伐材做爲材料。

6. 植栽護岸

(1) 適用於池岸局部沖蝕流失、現場石材料源稀少、重型機械不易到達施工地段，且位於岸坡較緩流速較低之區域，可採用之。

(2) 乾季，施工初期需加強植生維護，使根系深入岸坡土壤，有效提供抓地力，提高固土功能。

圖5-37　生態水池護岸保護與植栽設計照片例

5-15 海岸防風措施（一）

1. 海岸風砂地區之環境應力與植生對策

　　海岸飛砂地區因砂地土壤爲單粒結構，本身膠結力低、保水力弱，容易被風所吹動，尤其在西部桃園、新竹、苗栗、臺中、彰化、雲林等縣市沿海之砂丘或飛砂地區，每年冬季季風期間，飛砂與鹽風之作用致使植物生長不良，農作物生長受損、死亡，並嚴重影響當地之生活品質（圖5-38）。因此；需使用能抵抗強風、飛砂等環境應力的植物或配合設置防風籬、防風網等保護措施來減低風速、保護植物及改善當地的耕作與生活環境。海岸地區植生時對環境應力之植物選擇條件及因應措施，如表5-10。

2. 海岸防風措施

(1) 防風籬

　　在海岸前砂丘堆積完成，或無飛砂但風力十分強勁的地區，爲確保植生、林木能儘速成長，發揮其功能，有必要設置防風構造物。此等構造物種類雖然繁多，但功效則大致相同。一般以竹梢籬或網籬較爲簡便而且實用，其高度一般爲2公尺、編籬間隔10~12公尺，通常以竹材（枝、芒）編柵而成，走向與季風風向成垂直（如圖5-39）。防風籬施設之時機一般在新植之前，其最主要之目的在保護林木免於強風鹽霧之危害。

(2) 防風網

　　防風網原則上設在栽植地的邊緣，高度約2公尺，支柱以竹子爲材質，網材通常爲透風率60%之尼龍網。防風網的架設最好能維持2~3年，且設置應與主風向垂直；並採固定間隔設置，間隔爲8~12公尺（如圖5-40）。俟栽植林木達到樹冠鬱閉後，即可將防風網去除。

　　有關防風籬及防風網現場施作案例，如圖5-41。

植物被砂埋情形：可生根萌芽存活（黃槿）

植物被砂埋情形（黃槿、木麻黃）

植物被砂埋情形：易致落葉死亡（欖仁）

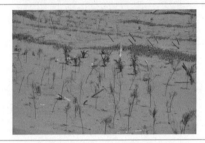

海岸最前線飛砂地，木麻黃、林投苗木生長不良

原砂丘人為干擾易致周邊植物生長不良

植物被砂埋情形（木麻黃防風林）

植物受強風鹽霧作用而生長不良或致死亡情形（大葉山欖栽植苗木）

沿海地區栽植獨立木，抑制旗形、側向或拋物線形生長（榕樹）

圖5-38　海岸飛砂、強風影響植物生長情形

表5-10　海岸地區之環境應力（逆境）與植生因應措施

逆境	植物選擇	植生保護與植生工法
飛砂	定砂植物： 1. 深根性且根系強健。 2. 莖觸地生根且水平根發達。 3. 耐覆蓋、耐乾旱，如濱刺麥、蔓荊、濱刺麥、海雀稗、馬鞍藤、單花蟛蜞菊等。	1. 堆砂籬、防風網、定砂籬之建立。 2. 敷蓋定砂。 3. 種植定砂之地被植物。
風害	1. 深根系且根系強健。 2. T/R（莖根比）較低。 3. 枝幹強勁，抗風性強植物，如木麻黃、黃槿、檉柳等。	1. 利用防風籬、防風網降低風速。 2. 利用支柱固定植栽。 3. 適當密度配置植栽。 4. 防風林帶之設置。
潮害	1. 葉片厚實、革質葉片、葉片角質層厚。 2. 抗潮植栽，如水筆仔、海茄苳、五梨跤、蓮葉桐、大葉山欖、林投、棋盤腳等。	1. 噴水沖洗植物枝葉之鹽沫結晶。 2. 設置竹籬、防風網或築堤。 3. 選擇適宜植栽區位。
土壤鹽害	耐鹽性植物： 1. 革質葉片或具鹽腺。 2. 耐鹽樹種，如苦藍盤、過江藤、濱水菜、黃花磯松、細葉草海桐等。	1. 客土與土壤改良。 2. 築堤洗鹽。 3. 整地及設置排水溝渠。
土壤貧瘠	耐貧瘠植物： 1. 具有根瘤、菌根之植物。 2. 耐貧瘠之樹種，如狼尾草、田菁等。	1. 客沃土或添加肥料。 2. 先行種植肥料木或綠肥植物（具提供或改善土壤養分功能之植物）。
高溫乾燥	1. 耐旱、耐高溫植物：葉片厚實、革質葉片、葉片角質層厚。 2. 深根性植物。	1. 設置噴灌系統。 2. 改善土壤以增加保水力。 3. 地表敷蓋稻草。

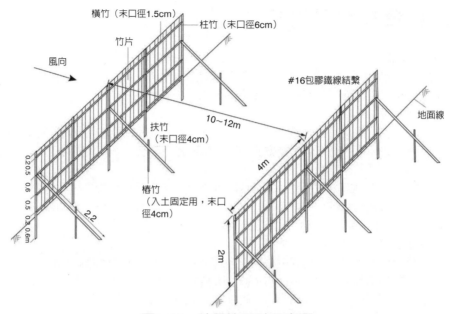

圖5-39　防風籬設計示意圖

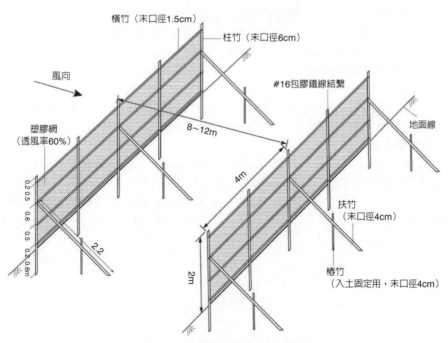

圖5-40　防風網設計示意圖

5-16 海岸防風措施（二）

(3) 防風綠帶

在海岸風衝地區周邊，以防風植物營建防風綠帶，減弱風勢防止風力直接危害，保護作物生長，減少道路、村舍及港埠設施之危害，如圖5-42。

① 防風草帶

常以高莖、耐乾旱、抗風力強之甜根子草、狼尾草，於耕地或苗圃區受風前線設置防風草帶，藉以保護後方的作物，避免其直接承受強風吹襲而倒伏或生長不良。

其次，在澎湖部分地區發展狼尾草防風草帶，亦有不錯的效果，其做法為防風林帶設置地區栽植一列寬度約1.5~2公尺的狼尾草防風牆，不但有綠化防風的效果，且其出產的牧草還可做為畜牧之用。

② 防風林帶

在風勢強盛的海岸耕地或道路周邊，以木麻黃、黃槿、瓊崖海棠、福木、白千層等防風樹種設置一排與風向垂直的防風林帶。另部分棕梠科植物（臺灣海棗等），因其樹冠受風面積小，可利用林下空間種植大葉黃楊等植栽，形成複層防風林，防風效果更佳。

③ 防風綠籬

沿海強風且陡坡地區，構築高大之防風林樹種成活不易，且易受風切作用而有倒伏或折枝幹等情形，可種植1.5~2.5公尺高之綠籬植物，來達到防風效果，如革葉石斑木、日本女貞、臺灣海桐等。防風綠籬通常為方格栽植，避免其直接程受強風吹襲而倒伏或生長不良。強風季節可配合竹柵固定，以增加防風效果。

另為防風與環境保育功能之需要，需種植較高大樹種時，可配合竹柵編籬，將苗木密植固定，互相保護，形成樹籬，如圖5-43。

(4) 挖溝植生法

在風害或鹽風危害地區，先將地面挖掘高0.6~1.0公尺、寬1~1.5公尺之溝堤，溝內栽植木麻黃等防風林植物，堤上栽植龍舌蘭、林投、草海桐、狼尾草等抗風、抗鹽分強之較低矮植物，藉以保護溝內防風林植物之初期生長。此方法早期應用於澎湖等砂源較少、土石堅硬、風力強之地區，其配置方式，如圖5-44。

防風網配置

防風籬（扶竹與椿竹）

防風網保護植栽苗木

防風網（植栽苗木保護）

以ㄑ字或ㄇ字形尼龍防風網保護植栽苗木
（小葉南洋杉）

防風籬構築配合苗木栽植

苗圃育苗保護用之防風籬

圖5-41　海岸飛砂地區之防風措施照片例

甜根子草耕地防風草帶

早期澎湖（拱北山）狼尾草防風草帶（陳溪洲提供）

狼尾草苗圃區防風草帶

小葉南洋杉行道樹兼具防風林帶功能

臺東海濱木麻黃防風林帶

無葉檉柳行道樹兼具防風林帶功能

白千層行道樹兼具防風林帶功能

堤防坡腳栽植防風林帶

圖5-42　海岸防風草帶與防風林帶設置照片例

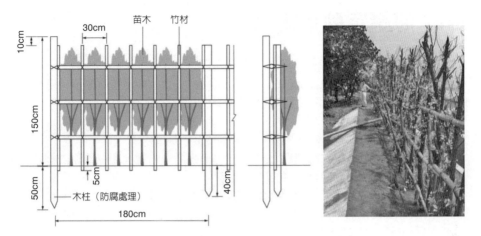

竹柵配合苗木栽植形成防風綠籬

向風面種植大葉黃楊、側向栽種白水木、
文珠蘭等方格栽植（綠島）

挖溝（溝內）植生法應用實例

圖5-43　防風綠籬示意圖與照片例

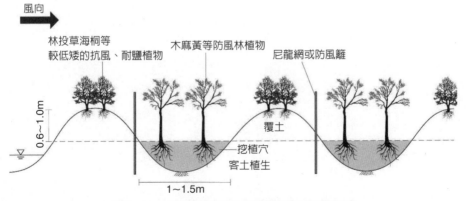

圖5-44　挖溝植生法示意圖及應用實例

5-17 海岸定砂措施（一）

1. 攔砂籬（或稱堆砂籬）

海岸飛砂地設置堆砂籬以攔截砂石，再植定砂植物，以穩定砂丘，是最常用且最有效之方法（圖5-45）。堆砂籬之設計配置與堆砂型態說明如下：

(1) 攔砂籬材料：通常以竹椿、竹桿與桂竹稍編柵而成。

(2) 攔砂籬角度：以與風成60°～90°最佳，因其沉砂量最多。

(3) 主籬長度：堆砂籬有長至數百公尺者，亦有僅數公尺者，端視砂源之多寡及其欲保護之面積而定，無一定之規格與標準。

(4) 翼籬長度：一般之堆砂籬都無翼之構造，若欲增加沉砂量而設置翼，其長度應達籬高之6倍左右（籬高通常為1公尺），與主籬成15°～30°夾角安置，才能達到增加攔砂量之效果。

(5) 攔砂籬間距：地質脆弱、疏鬆之地，堆砂籬之間距不應太大，通常間距以籬高之12倍左右之沉砂效果最好。

(6) 攔砂籬高度：通常以1公尺左右為原則。堆砂籬愈高，沉砂量愈大，但須考慮材料耐久年限、成本、受風面積及施工方法等。

(7) 可配合栽植之定砂植物包括濱刺麥、甜根子草、馬鞍藤、象草、濱水茭、海雀稗等；甜根子草之草苗栽植例如圖5-47。

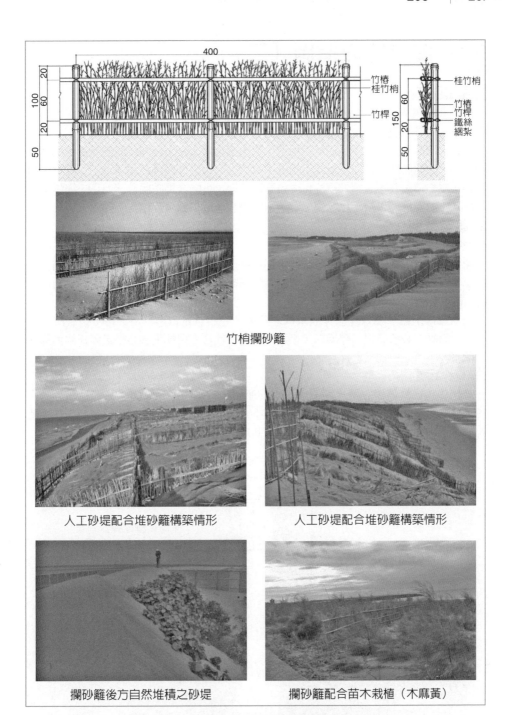

竹梢攔砂籬

人工砂堤配合堆砂籬構築情形　　　　人工砂堤配合堆砂籬構築情形

攔砂籬後方自然堆積之砂堤　　　　攔砂籬配合苗木栽植（木麻黃）

圖5-45　海岸攔砂籬配置示意圖與照片例

5-18 海岸定砂措施（二）

2. 插草定砂

　　砂丘地採用插草來達到防風定砂的目的，此法施做簡單且所費材料與人工不多，春初或秋初時防風效果良好，爲農民所最普遍應用。草本及藤類植物對地表極具覆蓋性，利用極貼地表之特性減低地表風速，使土壤含蓄水分，提高抗風蝕能量，根系固結作用，加強砂地結合力，以及供給砂中有機質，促進砂粒團結與穩定。一般常用植物材料爲稻草，其示意圖如圖5-46。插草定砂後，可配合馬鞍藤、濱刀豆、蟛蜞菊、濱水菜、海雀稗、甜根子草、狼尾草、田菁等栽植或播種，以增加定砂效果。

3. 草苗栽植作業

(1) 扦插栽植

　　利用草莖或根莖等營養器官分段直接插入砂土中之繁殖方法，因沙地飛砂移動，扦插又不宜太深，且砂地表層少水，需配合雨季或初期灑水，以促進成活。

(2) 草苗栽植

　　種子取得困難，草莖扦植存活稍低之草種，先將草苗以容器苗或帶土苗栽植之方法，於雨季中栽植能提高存活率，否則易枯死。此法亦用於堆砂後穩定砂丘或內緣飛砂危害較小處之植物栽植。

(3) 分株栽植

　　分株係將已具備根、莖、葉或芽、根的個體，自母株叢中分離，立即種植於砂土中，分株應避開植物花期，酷寒或酷熱亦不宜進行，初期施作利用灑水或將分株後種植於容器中的小苗置蔭蔽處數日，以增加其成活機會。

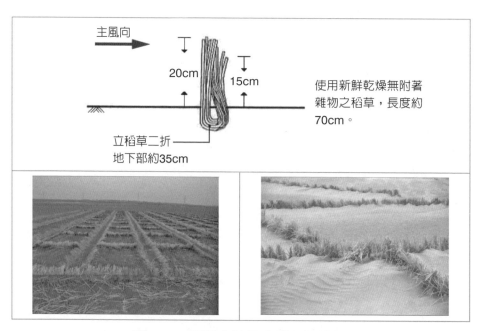

圖5-46　插草定砂示意圖與照片例

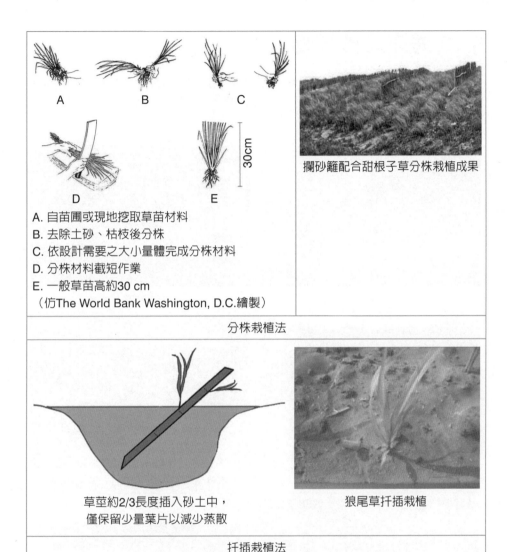

A. 自苗圃或現地挖取草苗材料
B. 去除土砂、枯枝後分株
C. 依設計需要之大小量體完成分株材料
D. 分株材料截短作業
E. 一般草苗高約30 cm
（仿The World Bank Washington, D.C.繪製）

攔砂籬配合甜根子草分株栽植成果

分株栽植法

草莖約2/3長度插入砂土中，
僅保留少量葉片以減少蒸散

狼尾草扦插栽植

扦插栽植法

圖5-47　草苗栽植作業示意圖與照片例

5-19 海岸定砂植物

定砂植物多有匍匐生長、莖葉肥厚、節節生根、深根性等特點，能適應海岸砂地環境，並固定風砂及形成砂丘構造。常見之定砂植物種類與其定砂情形如下：

林投	木麻黃
黃槿、海埔姜	木麻黃、海芒果、苦楝、無葉檉柳
海埔姜	草海桐

圖5-48　海岸定砂木本植物照片例

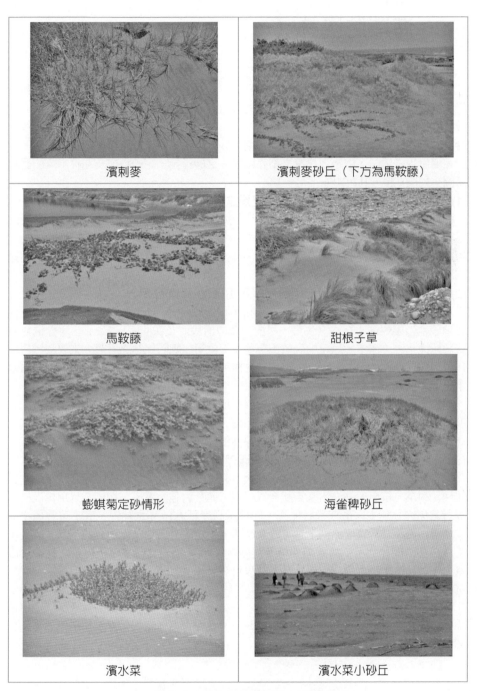

圖5-49 海岸定砂草本植物

5-20 海岸防風林（一）

1. 海岸飛砂地區防風林之建造

海岸防風林之建造，因受強風、飛砂、鹽霧、乾旱等作用，木本植物初期生長緩慢，且易受逆境影響而不易存活，故其栽植初期，最接近海岸線30~50公尺內可先以設置堆砂籬、攔砂柵、防風網柵等構造物，或人工土堤、人工砂丘等定砂措施，並配合定砂草類、定砂灌木之種植以達到初期定砂效果後，再進行防風林樹種之栽植。

在海岸飛砂地區，依距海岸線之不等距離，定砂措施、定砂植被及造林木之配置示意圖，如圖5-50。其說明如下：

(1) 海岸最前線定砂措施與定砂植物之建立（距離海岸滿潮線30~50公尺內）

海岸最前線造林時，配合堆砂籬、攔砂柵、防風網等工法一併使用，使滾動（Rolling）或跳動（Saltation）之砂粒固定。選用最具抗旱、耐鹽及抗風性的植物，包括甜根子草、馬鞍藤、狼尾草、蔓荊、林投、草海桐、濱刺麥、海雀稗等，以期達到減低飛砂對防風林林木生長之影響。

(2) 第一線防風林之建造（約距離海岸滿潮線50~100公尺）

定砂措施與定砂植物之設置雖已控制滾動之砂源，但仍有少量跳動之砂粒及懸浮之飛砂會影響較高大林木之生長，可配合栽植溝設置及採間隔以2公尺，單株混植方式栽植灌木、小喬木，以達地表植被覆蓋及提供第二線防風林之屏障。主要栽植樹種以較低矮或埋砂後地上部莖可生根定砂之樹種為主，如黃槿、草海桐、木麻黃、白水木、草海桐等。

理論上樹木愈高，防風效果愈佳，但海岸地區氣候環境惡劣、林木生長不易，尤以海岸第一線造林地必須藉防風籬定砂之保護方能使林木成活。林木超過防風構造物之高度，則易受風害及鹽害，故通常第一線林帶林木成長高度極限在5~6公尺左右。

(3) 第二線防風林之建造（約距離海岸滿潮線100公尺以上）

第二線防風林之構築目的在建構較高大且完整、健全生長之林帶。建造時，以生長快速、耐旱、抗風力強之木麻黃配合以耐鹽、萌芽力強之黃槿、檉柳，以單株混植或隔行栽植方式為主，形成帶狀保護，即林木高度可達10 m之林帶，底下可栽植小灌木植群。海岸林帶寬度原則上越寬效果越佳，但由於沿海地區土地取得不易，且大多土地已經濟開發利用，故原則上林帶寬度常以80~160 m具完整建全生長之林帶為考量。完整建全生長之海岸防風林帶，常以可高達10 m以上之林帶為主。

(4) 海岸飛砂量較少時

海岸飛砂量較少的地區，為配合生態步道與景觀遊憩功能，可以簡易木排樁或現地的木樁板材、柵材等設置達到初期定砂效果，並配合蔓性植物、灌木類植物植栽，如圖5-51。

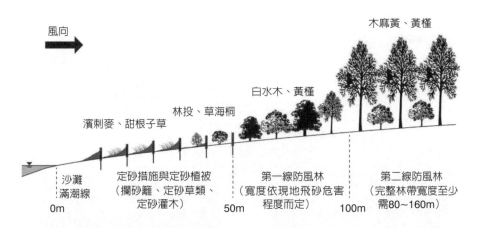

（沙灘→攔砂籬→定砂草類→草海桐→林投→黃槿→木麻黃）

圖5-50　海岸定砂措施與防風林配置示意圖與造林實例（臺北海岸富貴角）

圖5-51　配合景觀步道之定砂措施與植栽配置示意圖及照片例（飛砂量較少之情形）

圖5-52　海岸防風林常用植物

5-21 海岸防風林（二）

2. 海岸複層防風林與生態綠化

(1) 複層防風林之配置

　　早期海岸防風林主要爲木麻黃純林，但因木麻純林甚易衰退，且易受星天牛、黑角舞蛾等爲害。故以其他樹種或以混交造林方式代替木麻黃純林爲目前防風林研究及經營之方向。

　　複層防風林之應用植物，如圖5-53，依冠層之層次而言，上、中層之樹木，如木麻黃、黃槿、福木、瓊崖海棠、海檬果、蓮葉桐、水黃皮、榕樹、砂朴、小葉南洋杉、紅淡比、相思樹、白千層、茄苳（重陽木）、鳥榕、臺灣海桐、欖仁、大葉山欖、樟樹、無葉檉柳、苦楝、毛柿等；下層以灌木爲主，如林投、草海桐、夾竹桃、白水木、朱槿、臭牡丹、胡頹子、日本女貞等。上層林冠之喬木每株間隔約4公尺，林下可間植灌木植群，達到複層防風林的目標。爲構成歧異度大之傾斜式複層防風林，樹種選擇時，必須考慮其生長速度及各樹種之需光性特性。

(2) 海岸生態綠化

　　海岸生態綠化是利用經選擇之海岸適生植物，以人工的方式建造海岸自然林，以期達到涵養水源、調節微氣候、防風、美觀等環境保護及引誘野鳥、蝴蝶等生物群棲之保育功能，更可提供人們至海濱活動、休憩之地點。如圖5-54~圖5-55。

　　海岸生態綠化與維護之基本原則如下：

① 選擇當地原生樹種以及類似生育地之樹種。

② 採用小苗栽植，選用1~2年生容器苗，並配合季節性出栽。

③ 實施必要之土壤改良。

④ 確實執行後續之撫育管理工作，如灑水、補植等。

⑤ 栽植區如屬強風及鹽分高之處，栽植初期要有防風設施。

⑥ 濱海地區綠化應遵循70/30之黃金法則。將70%之經費用於土壤改良、灌溉等設施，在生育地立地條件改良後再將經費的30%用於選用優良健壯之容器苗。

⑦ 植物栽植作業後，須有適當之灌溉與病蟲害的防治。

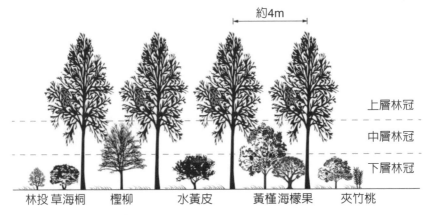

圖5-53　海岸複層防風林示意圖

海岸複層林造林

海岸複層林造林（黃槿、林投）

木麻黃林下造林

飛砂地區混交植栽（黃槿、木麻黃）

（日本宮崎縣）

（林業試驗所四湖工作站）

（雲林麥寮）

（雲林麥寮）

圖5-54　海岸地區複層林與生態綠化照片例

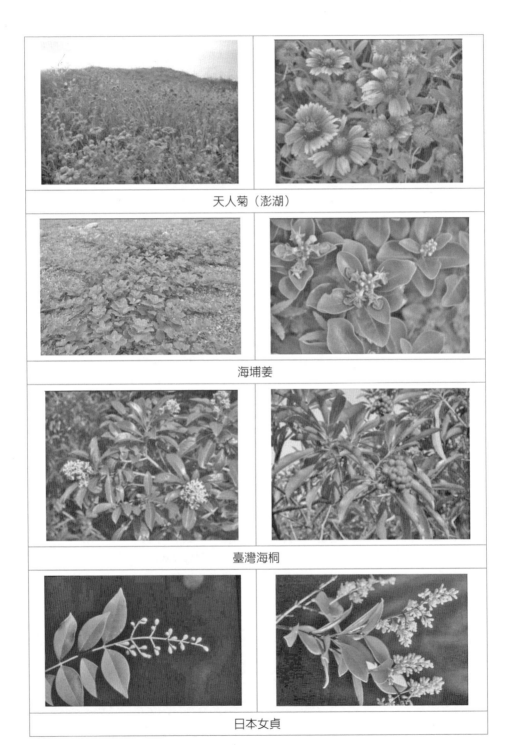

天人菊（澎湖）

海埔姜

臺灣海桐

日本女貞

圖5-55　海岸具防風與綠美化功能之植物

圖5-55 海岸具防風與綠美化功能之植物（續）

5-22 坡面安定工程配合植生處理（一）

1. 坡度與植生工程處理方法

　　邊坡之坡度，對坡面安定及植物生長皆有很大的影響。坡度愈陡，植物根系伸入土中之深度則愈淺，植物生長較易衰退。裸露地面之坡度緩於35°時，從周圍自然入侵植物的機會很大；但坡度大於35°時，植物自然入侵繁殖較爲緩慢。又坡度在45～60°時，僅藉植物根系之抗剪力以保持坡面安定則較爲困難，爲了防止根系生長之土層滑落，必須在坡面上以工程處理，構成基礎後再栽植植物。坡度60°以上時，植物不易栽植或自然入侵生長困難，須設置擋土牆，並設置緩衝區或落石防止措施。

2. 擋土構造物與植栽配置

　　擋土構造物係指於邊坡之基腳或坡面上，以石塊、混凝土、預鑄板、廢輪胎等材料，構築小型、低矮之簡易構造物，藉以安定坡腳，減緩坡度及利用於客土植生。其設計原則爲現地取材，利用現地可資使用的自然材料，經人工堆砌或綁紮後，造成片狀、柵狀、箱狀或格框狀，來達到擋土、客土、護土及利於植生等目的。

　　目前於國內外較常見之配合植生方法之擋土構造物之類型，如表5-11，供爲參考。

(1) 混凝土擋土構造物

　　混凝土擋土構造物配合植生方法時，可於構造物上方塡土區栽植喬木、灌木、藤類等植物材料，常見配置情形如圖5-57所示。栽植灌木時，其植穴應距設施至少60公分，並覆土適當厚度；栽植喬木時，期植穴應距設施至少120公分，表層覆沃土（有機質土）土至少30公分，並以支架固定苗木。喬、灌木與藤類栽植可搭配應用；藤類一般栽植於鄰近構造物位置，並利用其懸垂之特性，達到牆面綠化之效果。

表5-11 擋土構造物分類一覽表

工法	種類
(1) 混凝土擋土構造物	混凝土擋土牆
(2) 預製槽景觀擋土牆	預製槽景觀擋土牆
(3) 砌石擋土構造物	乾砌石擋土牆
	漿砌石擋土牆
(4) 箱籠擋土構造物	箱籠擋土牆
(5) 其它	塡土袋擋土設施

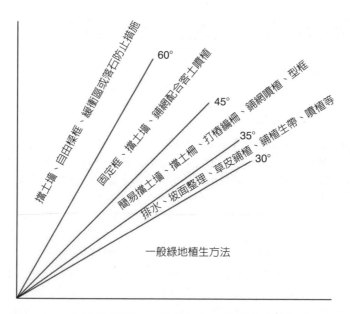

圖5-56　不同坡度時，可配合之工程處理與植生方法

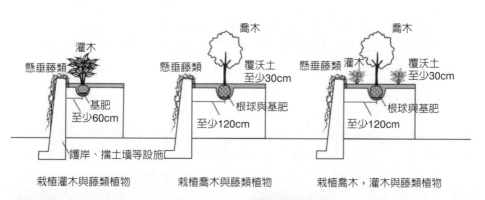

圖5-57　混凝土擋土牆植栽配置示意圖及照片例

5-23 坡面安定工程配合植生處理（二）

(2) 預鑄槽景觀擋土牆

　　為使擋土牆同時提供景觀及生態功能，使用工廠預鑄之混凝土坡景磚疊砌，完成後之外觀具立體美感，牆身具透水性且階段設施植栽槽提供綠美化空間。適用於景觀道路及風景區周邊，有關應用案例詳如圖5-58。

(3) 設計與施工例：栽植槽植生（圖5-59）

　　沿坡面每隔適當距離，或於坡面之上方或下方，構築一長方形或連續之栽植槽，以利客土及植生綠化之目的者。適用於破碎岩層且無土壤或礫石含量甚多之一般挖方坡面及實施水泥噴漿後之道路邊坡。其設計與施工方法如下：

① 先將坡面上之危石或雜物清除，其坡面並略加整平。

② 以沿基腳做寬高60cm之連續混凝土栽植槽為宜，以增加植物根系之伸展空間，如區分為各獨立栽植槽平行排列，目前常用之栽植槽間隔2m。

③ 栽植槽內客土，建議以1m³良質土壤與100kg堆肥及適量緩效性肥料混合使用。

④ 於坡面較安定處，可沿邊坡基腳構築L型栽植槽，內側與原坡面土層接觸，以保蓄坡面上之流水，增加植生之效果。

⑤ 栽植槽內栽植藤類植物時，於坡面上得鋪設網材或鐵絲網，以協助藤類初期生長。

⑥ 亦有L型栽植槽，配合排水工程或其他坡面穩定工程等。

⑦ 坡面栽植槽植生後常有植物生長不良或雜草化之情形，期望植物生長良好，除應規範客土品質與客土數量外，應特別注意客土是否與原坡面接觸，及盡量用連續性栽植槽。

(4) 砌石擋土構造物

① 乾砌石擋土牆

　　於崩塌地坡腳處或河岸崩塌堆積坡腳處，以塊石或礫石材料砌築成為擋土構造物之工法。砌築方式以六圍砌為原則，除可增加坡面穩定性外，亦兼具景觀生態之效果。適用於坡度小於45°之挖方或崩塌面之坡腳。

② 漿砌石擋土牆

　　以卵石混凝土砌堆成牆面，石材間隙及背面以混凝土填充，增加黏結強度。與一般混凝擋土牆相似，而且砌石表面具自然景觀，隙縫可提供動植物棲息生長，同時兼具安全性及生態性之考量。適用於崩塌地坡腳處或河岸崩塌處，高度6 m以下較為經濟。

③ 砌石擋土構造物石縫植栽植物

　　A. 濱水地區：過溝菜蕨、腎蕨、石菖蒲、鐵線蕨、姑婆芋、野薑花等。

　　B. 乾旱或裸坡地區：腎蕨、月桃、小構樹、野牡丹、日日春、越橘葉蔓榕等。

　　有關砌石擋土牆砌築方式與配合植生情形詳如圖5-60。

1. 基礎施作　　　　　2. 預鑄景觀槽堆砌　　　　3. 景觀槽內覆土

4. 槽內覆土及搗實　　　5. 牆面植生袋苗栽植　　　6. 完工及維護成果

預鑄樁景觀擋土牆應用於道路護坡

預鑄槽（混凝土框）應用於海岸堤防護坡　　預鑄槽應用於螢火蟲生態復育護岸（日本）

圖5-58　預鑄槽擋土牆（護岸）施工案例

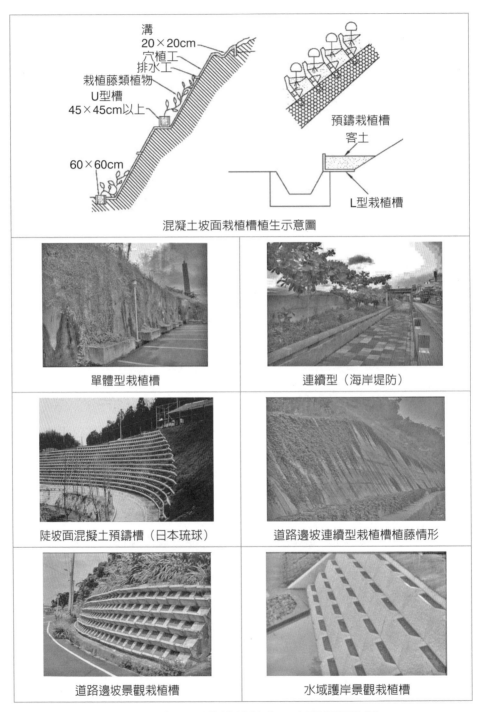

混凝土坡面栽植槽植生示意圖

單體型栽植槽	連續型（海岸堤防）
陡坡面混擬土預鑄槽（日本琉球）	道路邊坡連續型栽植槽植藤情形
道路邊坡景觀栽植槽	水域護岸景觀栽植槽

圖5-59　各類型栽植槽植生示意圖與照片例

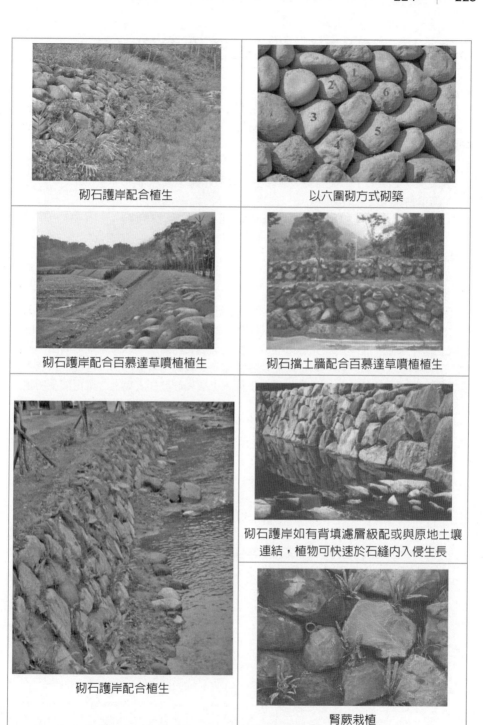

砌石護岸配合植生

以六圍砌方式砌築

砌石護岸配合百慕達草噴植植生

砌石擋土牆配合百慕達草噴植植生

砌石護岸配合植生

砌石護岸如有背填濾層級配或與原地土壤連結，植物可快速於石縫內入侵生長

腎蕨栽植

圖5-60　砌石擋土牆砌築方式與配合植生情形

5-24 坡面安定工程配合植生處理（三）

(5) 箱籠擋土構造物

使用金屬網線機編成箱形網籠，內塡裝塊石材料，以保護河岸及穩定坡腳而直接構築於岸坡趾部之擋土構造物。屬於較簡易且具彈性之擋土設施，多使用於崩塌地坡度較緩處，且無再崩塌之虞者。

其應用說明如下：

① 大多以混凝土作爲基礎臺，並於臺上設置箱籠，一方面作爲擋土用、一方面可作爲動植物棲息之場所。

② 常作爲緊急修復之用，且屬柔性結構，可抵抗較大之變形。

③ 其多孔性有利於植物之生長，促進植物生長與演替。

④ 箱籠設計之總高度以小於4 m爲宜。

⑤ 可配合自然景觀規劃設計。

(6) 填土袋擋土設施

土壤袋係利用遮光率約70%之麻布袋或PE塑膠縫製而成。袋內裝塡有機質土，可取 2/3之表層壤土、1/3樹皮堆肥與少量臺肥43號複合肥料，或以1 m³：50 kg：5 kg比例之土壤、堆肥、化學肥料充分攪拌後，裝入土壤袋內封口，以防土壤之漏出。詳如圖5-62。小型土壤袋則以不織布或棉紙縫製而成，若其內有機質土內含種子或袋體內層貼附含種子之不織布，則通常稱爲植生袋。土壤袋於坡面安定上之應用如下所述：

① 簡易擋土措施

應用於蝕溝或小型坡面塌落地區，植生介質缺乏或土壤貧瘠地區，以土壤袋客土堆疊，並藉保護坡面改善生育地條件，及利於後續栽植植物之方法。

② 固定框內客土植生

相關設計圖與現場施工情形如圖5-64、圖5-65，作業方法與須注意事項如下：

A. 蝕溝或小型坡面塌落地區，以土壤袋鋪疊護坡。

B. 可配合打椿編柵、固定框之客土植生，及供爲簡易排水溝之材料。

C. 坡面上之土壤袋宜以鐵線繫之由下往上施工，以防掉落。

D. 土壤袋上可行扦插草苗或播種繁殖。

E. 較緩的坡面採用隔區鋪設土袋方式施工，可節省植生費用。

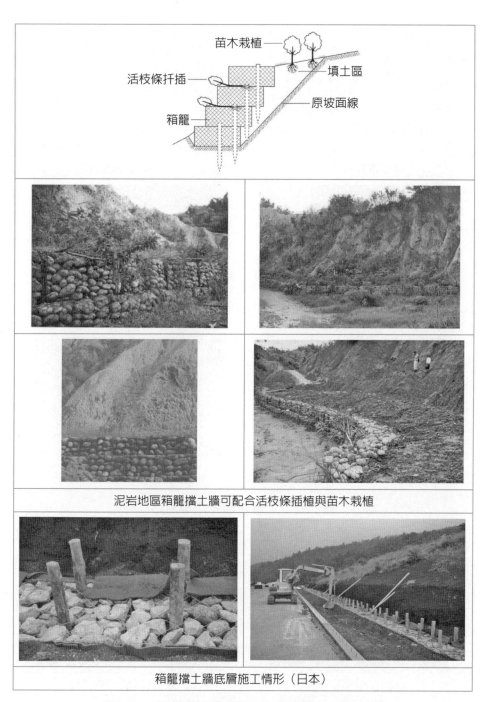

圖5-61　箱籠擋土牆設計示意圖與植生照片例

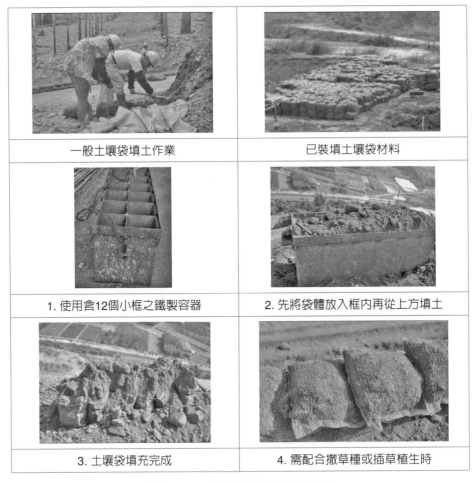

一般土壤袋填土作業	已裝填土壤袋材料
1. 使用含12個小框之鐵製容器	2. 先將袋體放入框內再從上方填土
3. 土壤袋填充完成	4. 需配合撒草種或插草植生時

圖5-62　土壤袋填充作業方法

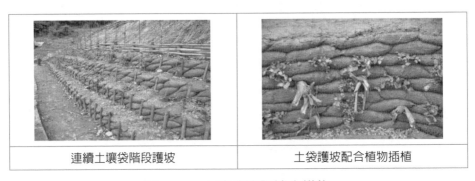

連續土壤袋階段護坡	土袋護坡配合植物插植

圖5-63　土壤袋簡易擋土措施

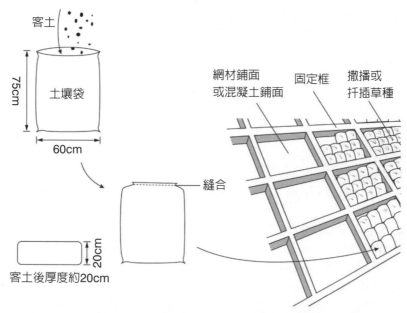

圖5-64　固定框內土壤袋植生示意圖與土壤袋設計圖例

圖5-65　固定框內土壤袋鋪置施工作業照片

5-25 打樁編柵配合植生處理（一）

　　打樁編柵係將萌芽、不萌芽之木樁或其他材料依適當距離垂直打入土中，並以枝梢、竹片、PE網、不織布、鐵絲網等材料編織成柵之方法。主要目的為固定不安定的土石、改善坡度、防止沖刷及營造有利植物生長之環境。適用於一般土壤挖填方坡面、崩積土或淺層崩塌坡面。依樁材與編柵材料分竹樁、鐵樁、植生樁、木樁編柵等。

1. 打樁編柵之種類

(1) 打竹樁編柵

　　使用竹樁打入土中，樁間以竹片、樹梢枝條或其它材料編柵，必要時得另加鋪不織布。

(2) 打木樁編柵（木樁擋土柵）

　　打木樁編柵係無萌芽力之木樁材料，木樁直徑約為10~15 cm，以適當喬木及灌木樹種之材料（以柔軟分枝少、耐久力高者）製作。

(3) 打鋼筋樁編柵

　　以鑽孔機於地面鑽深約40 cm之孔後，插置φ13 mm，長60~80 cm之鋼筋樁，使用鐵絲將以鋼線編織成的網柵固定於鋼筋樁上。

(4) 打植生樁編柵

　　使用具有萌芽力之植生木樁，如九芎、黃槿等配合編柵而成。打植生樁編柵可以藉由木樁根系固定表層土，及連結表層土與基盤層。

2. 植生木樁之種類與應用

(1) 植生木樁主要植物種類

　　植生木樁材料之選取，依其在不同立地環境條件下之適用性而異，須同時考慮到其環境適應性、繁殖力、成活率、供應性、生物多樣性等條件。目前臺灣使用之植生木樁，即可供現地打樁及能萌芽生長之植物種類，主要為九芎、黃槿、水柳，次要如茄苳、雀榕、稜果榕、榕樹、水黃皮（九重吹）、小葉桑、白肉榕、破布木等。

　　木樁應保持新鮮，打樁時須保護樁頭，不使打裂，裂開部份需鋸掉，以免影響其萌芽能力。如萌芽樁不足時，可以其他雜木樁混合使用。

(2) 植生木樁應用時需注意事項

　　一般而言，萌芽樁建議用於水陸域交界處以提高存活率。臺灣植生木樁之最適工期，北、中、南部雖稍有差異，但以3月到5月最為合適。萌芽樁萌芽時間約3~7天，約2~3個星期左右長根，但仍需經3個月左右的觀察期，以確認其新芽是否繼續生長，才得以判定其是否存活。

　　有關植生木樁生根發芽試驗情形詳圖5-68。

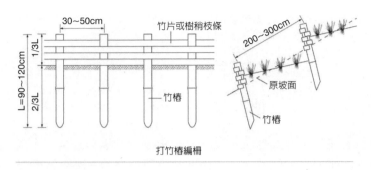

打竹椿編柵

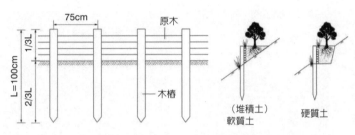

打木椿編柵（木椿擋土柵）

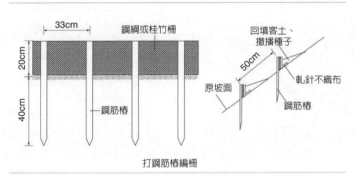

打鋼筋椿編柵

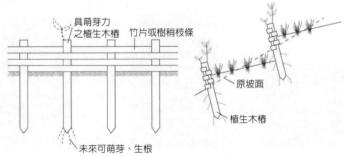

打植生椿編柵

圖5-66 不同種類之打椿編柵示意圖

打竹樁編柵

木樁擋土柵用於崩塌地整治工程

打鋼筋樁編柵

打鋼筋樁編柵

打木樁編柵

打植生樁（九芎）編柵

九芎植生樁於現地生長情形

黃槿植生樁於現地生長情形

水柳植生樁於現地生長情形

圖5-67　各類型打樁編柵照片實例

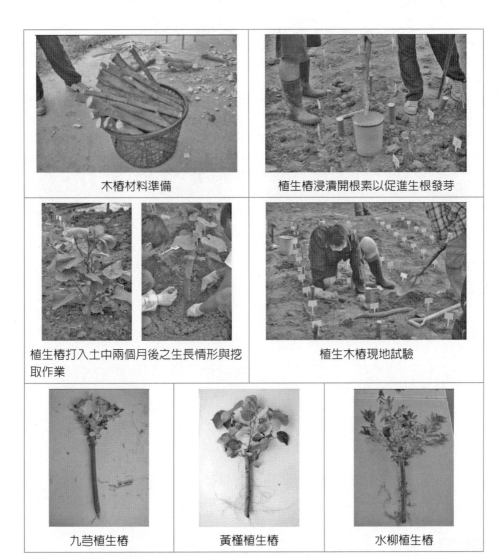

木樁材料準備	植生樁浸漬開根素以促進生根發芽
植生樁打入土中兩個月後之生長情形與挖取作業	植生木樁現地試驗
九芎植生樁	黃槿植生樁　水柳植生樁

圖5-68　植生木樁生根發芽試驗情形照片

5-26 打樁編柵配合植生處理（二）

3. 菱形編柵（柳枝工）

　　菱形打樁編柵較不常見於一般崩塌裸露坡面，較適用於坡度均勻之河溪堤岸坡面（圖5-69）。菱形打樁編柵之規格依覆土層、坡度與坡面安定程度而異，通常菱形框長度為1.5~2 m，間隔斜交呈菱形配置。菱形編柵區之坡面上、下端為條狀編柵，其與菱形柵体之夾角約為20°~30°，菱形打樁編柵藉各結點使用植生木樁（水柳等）或配合小徑苗木插植，其穩定性與抗沖蝕性較高，適用於河溪護岸、濱水帶植生。

小博士解說

　　約四、五十年前，世界主要先進國家對於河川之整治，開始提倡採自然生態的工法，不同國家有其不同名稱，如美國稱為生態工程，德國稱為河川生態自然工法，澳洲稱為綠植被工法，日本則慣用的近自然工法、多自然型河川等。而臺灣積極推廣此概念亦有近二十年，早期河溪治理使用自然生態工法名稱，爾後隨政府之政策推行，而有生態工法、生態工程及永續工程等不同的名稱。

　　柳技工亦為河溪生態工法之主要推廣工項，為日本傳統的護岸保護工法，經濟部水利署第八河川局曾邀請日本專家來台技術指導，並於臺東卑南溪新興堤防坡面，利用天然材料，如活木樁、雜木料、角塊石等是使用石塊、梢料及活木樁。以梢料編柵，並插植活木樁，柵框內填塊石，並以地工織物防止堤岸沙土被水吸出。活木樁成活發展根系，使根系與石塊及梢料盤紮在一起，並結合木梢沉床工法，以建構出多孔隙堤防。

水柳枝條編柵剖面

鋪設不織布後菱形編柵　　　菱形框內鋪設塊石

輔助植生木樁扦插植苗　　　水柳

施工後二年成果（一）　　　施工後二年成果（二）

圖5-69　菱形編柵（柳枝工）示意圖與成果照片（臺東卑南溪）

第6章
植生調查與植生導入成果驗收

6-1 植物物種與植物相調查（一）

1. 植生調查之目的

　　植生調查之目的，在求得某區域內植物之群集情形及其屬性，研析此植物群落之組成個體、大小、數量、排列等特性及相互間關係，進而推估物種的競爭情形及植物社會可能的演替發展。

　　一般植生調查可概分為植物相（flora）調查及植生群落（vegetation association）調查兩部分，茲分別說明如下：

2. 植物相調查

　　以某一地區所有植物物種為對象，進行植物之採集與判釋工作，記錄或估測各物種的屬性、族群數量、分布及生育環境條件等基本資料，研析此植物群落組成（特別指優勢種植物）之個體大小、數量、排列等特性及相互間之關係。

(1) 植物相調查方法

　　於野外常用的植物相調查方法，包括穿越線法、沿線調查法及目視記錄法，茲分述如下：

① 穿越線法

　　於調查區域內先進行勘查並選設若干穿越線，穿越線之長度可為100 m、500 m或1,000 m不等，可依現有之步道、等高線或沿稜線、溪谷等設置，再一一記錄穿越線兩側5 m內可見到之植物，無法判釋但可取得標本者，攜回鑑定。

② 沿線調查法

　　於調查區域內沿著現有的公路、林道、產業道路、登山步道、步行小徑等，選定若干調查路線，此路線長度可為1 km、2 km或3 km等或某兩處明顯地標物之間現有的路徑。

③ 目視記錄法

　　凡出現在調查區內之植物經調查者判釋之物種皆一一記錄，調查者依經驗直接記錄所見之物種，不需採標本，但需注意哪些是優勢種、哪些是稀有種、哪些是較特殊的物種等。

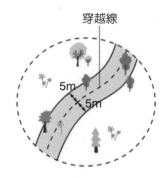

穿越線

5m
5m

穿越線法

記錄穿越線兩側5m
範圍內出現之物種

森林小徑

沿線調查法

記錄兩處地標物之間
現有路徑兩旁出現之物種

目視記錄法

記錄調查區域內
出現的所有物種

再將調查結果
製成植物名錄

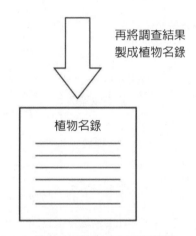

植物名錄

圖6-1　植物相調查方法示意圖

6-2 植物物種與植物相調查（二）

(2) 植物名錄製作

　　以調查結果製作植物名錄，其內容包含植物之科別、中名、學名、生長習性、屬性（原生／外來）、分布（豐多度）等（表6-1）。

(3) 植物形態特徵圖或示意圖繪製

　　植物種類可用繪製之植物個體形態示意圖標示，如圖6-2，臺灣沿海至低海拔地區常見植物個體形態示意圖。

表6-1　植物名錄（例）

科別		中名	學名	生長習性	屬性	分布（豐多度）
Pteridophyte 蕨類植物	Adiantaceae 鐵線蕨科	粉葉蕨	*Pityrogramma calomelanos*	草本	歸化	普遍
	Blechnaceae 烏毛蕨科	烏毛蕨	*Blechnum orientale*	草本	原生	普遍
	Dennstaedtiaceae 碗蕨科	熱帶鱗蓋蕨	*Microlepia speluncae*	草本	原生	普遍
Gymnosperm 裸子植物	Pinaceae 松科	球松	*Pinus luchuensis*	喬木	栽培	普遍
	Pinaceae 松科	臺灣五葉松	*Pinus morrisonicola*	喬木	特有	普遍
	Podocarpaceae 漢松科	百日青	*Podocarpus nakaii*	喬木	特有	稀有
Dicotyledon 雙子葉植物	Acanthaceae 爵床科	卵葉鱗球花	*Lepidagathis inaequalis*	草本	原生	稀有
	Aceraceae 楓樹科	樟葉楓	*Acer albopurpurascens*	喬木	特有	普遍
Monocotyledon 單子葉植物	Agavaceae 龍舌蘭科	虎尾蘭	*Sansevieria trifasciata*	草本	栽培	普遍
	Araceae 天南星科	臺灣天南星	*Arisaema formosana*	草本	特有	普遍

註：若為特有種、稀有種或具特殊價值之植物，應加以標示。

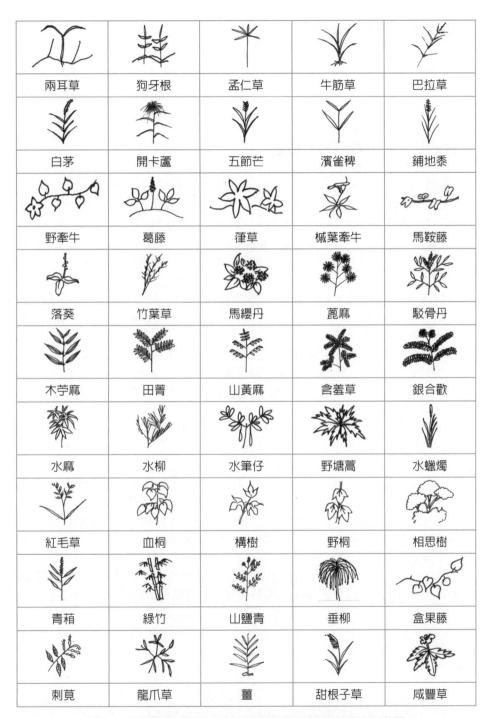

兩耳草	狗牙根	孟仁草	牛筋草	巴拉草
白茅	開卡蘆	五節芒	濱雀稗	鋪地黍
野牽牛	葛藤	葎草	槭葉牽牛	馬鞍藤
落葵	竹葉草	馬纓丹	蓖麻	駁骨丹
木苧麻	田菁	山黃麻	含羞草	銀合歡
水麻	水柳	水筆仔	野塘蒿	水蠟燭
紅毛草	血桐	構樹	野桐	相思樹
青葙	綠竹	山鹽青	垂柳	盒果藤
刺莧	龍爪草	薑	甜根子草	咸豐草

圖6-2 臺灣沿海至低海拔地區常見植物形態示意圖

6-3 植物群落調查（一）

　　以植物社會爲對象，利用取樣方式，調查某一地區所有植物社會，並記錄每一種植物社會的組成、結構、分布等；並依需要調查主要優勢植物的樹高、胸高直徑等資料，供植生群落型態分析、植生圖及植生群落剖面圖之製作參考，及推測植生演替、族群間之相互關係。植物群落調查記錄要項，如表6-2。

1. 臺灣地區主要群落類型概要

　　臺灣地區主要群落類型，如第二章單元2-10圖2-16所述，臺灣山地垂直帶譜主要植群之分類，依其海拔高度由高至低可概分爲亞寒帶（植群型爲針闊葉灌木叢）、冷溫帶亞高山針葉樹林（植群型爲香柏林、冷杉林、玉山箭竹林）、涼溫帶山地針葉樹林（植群型爲雲杉林、鐵杉林、山地松林）、暖溫帶山地針葉樹林（植群型爲檜木林、其他針葉樹混交林）、暖溫帶雨林（植群型爲針闊葉樹混交林、暖溫帶常綠闊葉樹林）、（亞）熱帶雨林（植群型爲熱帶常綠闊葉樹林）。其他特殊植群分布，分述如下：

(1) 農地：臺灣農地主要農作物種類，除水稻、茶及花生、大豆、玉米、甘蔗、蔬菜等勤耕雜糧作物外，山坡地果樹種植面積較多，包括柑桔、香蕉、鳳梨、芒果、荔枝、龍眼、柿、梨、桃等。

(2) 竹林：在高山地區主要種類爲玉山箭竹及臺灣矢竹；臺灣主要經濟竹林有孟宗竹、桂竹、刺竹、麻竹、長枝竹、綠竹等。

(3) 草原群落：分爲高山草原（以耐寒多年生、旱中生性草本植物占優勢）及低地草原（以禾本科爲主）。

(4) 濕地：在多水環境中的植生類型有深濕地、淺濕地、濕草地、灌木草地及覆蓋森林的濕地；而海岸濕地植生群落可分爲草澤（以草本植物爲主）及林澤（以木本植物爲主，紅樹林最具代表性）。

(5) 海岸林植生群落：可分爲正海岸林、熱帶海岸林、林投林、礁岩植物、砂礫灘植物、砂地植物、海岸防風林（人工造林）等類型植生群落。

(6) 季風雨林：季風雨林簡稱季雨林，又稱季風林。爲分布在有明顯周期性乾、濕季節交替地區的一種植生群落；群落中之種類組成以木質藤本及草本附生植物最多亦較突出。

(7) 次生林：次生林是一個植物社會演替達到某一階段或已建立一穩定生態系後，因天然或人爲因子之干擾，生態平衡突然遭受破壞，演替再度開始之植物社會。

表6-2　植生群落調查野外紀錄表

調查時間：	調查人員：
調查地點：	相片基本編號：
樣區編號：	樣區二度分帶座標：
樣區長度：	樣區概述：

環境特性描述（包含植被覆蓋情形等）：	
基本資料（集水區面積等）：	植被剖面圖：
植生群落狀況圖（濱水帶）：	備註（稀有、特有或最大優勢植物）：

植物名稱	編號	覆蓋長度	樹高	胸高直徑	豐多度	頻度	優勢度	備註
合計								

註：植物名稱包括陸域、水域及人工構造物，樣區出現稀有或特有植物需加註。

6-4 植物群落調查（二）

2. 植物群落結構特性

(1) 群落之物種結構

　　在植物群落中，某種或某少數種植物種類，其所占之空間最大，具有控制群落棲地的能量轉換、物質循環者，稱為優勢種。而陸地生物群集中，通常會以該地優勢植物命名；以不同優勢種所形成的植物群落，其物種結構不同，群落外貌也就不同。如落葉林植物群落、高山針葉林植物群落、珊瑚植物群落、海岸防風林植物群落等。

(2) 植物族群之空間結構

　　係指某種生物的各族群在空間上的配置狀況，包含各植生群落之層次（垂直結構）和水平結構。

① 植物植生群落之層次（垂直結構）：森林植物植生群落社會有高度之層次分化，其森林垂直層次可分為樹冠層、喬木層、灌木層、草本層、地被層，如圖6-3。

② 水平結構：因地理位置、地質、地形、光照的明暗、濕度等因素，使植物呈現成群的分布。如水庫濱水帶周邊或濕度較大的區域常見巴拉草、開卡蘆及象草成群的生長。陸域地區（根系不受水位影響之範圍）則常見相思樹、構樹、山黃麻等。而陽光充足的貧瘠地或崩塌地則遍布五節芒。裸露岩層或林地外緣常見臺灣蘆竹、杜虹花等，如圖6-4、6-5。

③ 植生群落剖面圖：植生群落如為森林類型者，應製作植被剖面圖，以表示植物社會之形相及社會結構。剖面圖製作時，應取調查樣區內一具代表性寬2~5公尺之穿越線，記錄沿線之植株種類、高度、位置等介量，並依此繪製植被剖面圖，如圖6-5。

圖6-3　植生群落層次示意圖（垂直結構）

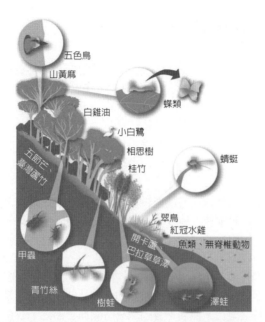

圖6-4　水庫濱水帶植生結構示意圖（含優勢棲地物種標示）

（資料來源：觀察家生態顧問公司）

圖6-5　明德水庫濱水帶（海棠島）陸域植生結構照片例（含優勢物種標示）

6-5 植物之物候調查

　　植物在自然氣候環境或人為干擾狀態下形成一個動態的生命週期，單一觀察時段可能無法瞭解所有植物種類消長情形或生長週期，故應考量分季節或分年度進行調查。所調查之季節性變化包含以下兩種：

1. 種數季節性變化

　　主要為草本植物及栽培種，會受到自然、人為與季節性之干擾而產生消長或數量之改變。

2. 物候變化

　　動、植物的生長現象隨氣候呈週期性變化的現象稱為物候現象，如植物的抽芽、展葉、開花、結果等。物候現象主要受到遺傳因子及環境因子影響，不同的植物有不同的物候現象。同一種植物在不同的生育地，物候現象亦可能不同。植物之物候期區及其生長型態如表6-3。

　　臺灣對於物候的調查大多是針對一個地區的所有植物來做觀察記錄，而藉由瞭解植物之物候現象可作為氣候指標，亦可反映植物生育地外在環境之差異。木本植物植株一般在短期內無消長之變化，種類不會因調查時間而有出入，故在季節性調查中，強調其生長、開花結果等週期之記錄。

表6-3　植物之物候期區及其生長型態

物候期	型態
抽芽期（budding phase）	芽苞膨大開始抽長至芽伸出嫩葉的尖端
幼葉期（tender leaf phase）	可以明顯地看出綠色葉芽起至葉展開且葉未完全變色
展葉期（leafing phase）	葉片展開至葉完全平展並轉變為成熟葉色為止
落葉期（leaf falling phase）	針對落葉樹種而言，在秋冬時葉開始掉落至葉片完全掉落
開花期（flowering phase）	花苞開始膨大或花序抽長至花落
結果期（fruiting phase）	雌花柱頭變黑為幼果期之開始到果實長大至成熟時之大小
熟果期（mature fruiting phase）	果實開始由綠轉為褐色
落果期（fruit falling phase）	果實開始掉落至全部掉落為止

表6-4　植物季節性變化調查例（後龍溪平原地區）

科　名	中文種名	第一季	第二季	第三季	第四季
金星蕨科	毛蕨	＋	＋	＋	＋
莧科	節節花	＋	＋	＋※	＋※
莧科	空心蓮子草	＋	＋	＋※	＋※
莧科	青莧	＋ f	--	＋	＋※
繖形花科	公根	＋	＋	＋※	＋
菊科	霍香薊	＋	--	＋※	＋※
菊科	紫花霍香薊	＋	--	＋※ f	＋※
菊科	豬草	＋ f	--	＋	＋※ f
菊科	茵蔯蒿	＋ f	--	＋	＋※ f
菊科	帚馬蘭	＋	--	＋※	＋※
菊科	大花咸豐草	＋※ f	＋※ f	＋※ f	＋※ f
菊科	咸豐草	＋※	--	＋	＋※
菊科	鱧腸	＋	＋※	＋※	＋
菊科	紫背草	＋	＋※	＋※	＋ f
菊科	昭和草	＋	--	＋※	＋※ f
菊科	加拿大蓬	＋	--	＋※	＋※ f
菊科	野茼蒿	＋	--	＋※	＋※ f
菊科	臺灣澤蘭	＋※	--	＋※	＋※ f
菊科	兔仔菜	＋	＋	＋※	＋※ f
菊科	山萵苣	＋	＋※	＋	＋※ f
菊科	角草	＋	--	＋※	＋※ f
菊科	苦苣菜	＋	＋	＋※	＋※ f
菊科	長柄菊	＋	＋	＋※	＋※ f
石竹科	滿天星	＋	＋	＋※	＋
木麻黃科	木麻黃	＋	＋	＋※	＋ f
旋花科	菟絲子	＋	＋	＋※	＋

調查日期：	＋ 於當季出現
第一季：1997 年 10 月	-- 於當季未出現
第二季：1998 年 1 月	※ 於當季開花
第三季：1998 年 4 月	f 於當季結果
第四季：1998 年 7 月	

註：本表出自植物生態評估技術規範

6-6 植物自然度調查

　　自然度可依土地利用現況及植物社會組成分布，區分爲五級，如表6-5，再繪製自然度圖（圖6-6），可清楚比較土地利用程度差異。

表6-5　自然度分級標準

自然度	土地利用程度	說明
自然度 5	天然林地區	包括未經破壞之樹林，以及曾受破壞，然已演替成天然狀態之森林；即植物景觀、植物社會之組成，結構均頗穩定，如不受干擾其組成及結構在未來改變不大。
自然度 4	原始草生地	在當地大氣條件下，應可發育爲森林，但受立地因子如土壤、水分、養分及重複干擾等因子之限制，使其演替終止於草生地階段，長期維持草生地之形相。
自然度 3	造林地	包含伐木跡地之造林地、草生地及火災跡地之造林地，以及竹林地。其植被雖爲人工種植，但其收穫期長，恒定性較高，不似農耕地經常翻耕、改變作物種類。
自然度 2	農耕地	植被爲人工種植之農作物，包括果樹、稻田、雜糧、特用作物等，以及暫時廢耕之草生地等，其地被可能隨時更換。 自然度 1—裸露地：由於天然因素造成之無植被區，如河川水域、礁岩、天然崩塌所造成之裸地等。
自然度 1	無植被區	由於人類活動所造成之無植被區，如都市、房舍、道路、機場等。

註：本表整理自植物生態評估技術規範

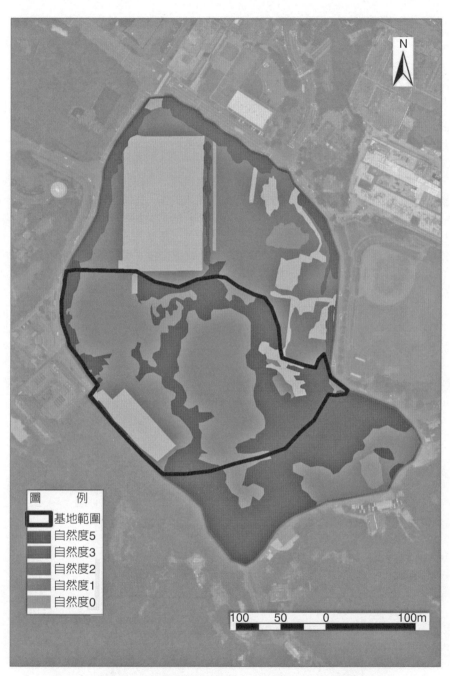

圖6-6 植物自然度調查結果例（桃園市國立體育大學）

（資料來源：觀察家生態顧問有限公司）

6-7 植物群落樣區取樣調查（一）

1. 樣區設置與最小樣區面積

(1) 樣區設置考量要點

　　為了節省時間、人力、經費等，植生調查常以樣區資料來推測植生群落之整體特性。植生調查樣區之設置，需考量的樣區特徵因子有：樣區形狀、樣區走向、樣區分布方式、最小樣區面積、最低樣區數目，其考量要點，如表6-6。

(2) 樣區最小面積

　　通常以「種數－面積曲線法」來決定植生調查樣區之最小面積。其方法為先在欲調查的區域內以逐次擴大樣區面積的方式進行植物種類調查，並繪製種數－面積曲線；隨著面積增大，樣區內的物種數亦增加，但當樣區面積大到某種程度時，樣區內物種數增加的情形將減緩，即使面積增加，新物種的增加已經很少，曲線有變緩的趨勢，通常取此點所對應的樣區面積作為植生調查之最小樣區面積。可將種數－面積曲線圖中10%種數增加率之直線（即為原點與曲線最後一點的連線）平移至與曲線相切，此切點所對應之面積值即為單位區之大小。如圖6-7。

　　而植生工程實務應用上，為使用上之便利性，常依植物群落類別決定其最小樣區面積（表6-7）。唯因植生群落類型與群落結構之均質性差異大，於使用上仍可視需要酌以調整增大之。

表6-6　植生調查樣區設置之考量要點

樣區特徵	考量要點
樣區形狀	環境梯度小（均質）：以等徑樣區效率高 環境梯度大：長形樣區效率高
樣區走向	單樣區取樣：順著環境梯度變化 多樣區取樣：與環境梯度變化垂直
樣區分布	逢機取樣、系統取樣、分層取樣
樣區面積	以最小的樣區面積達所需的調查精度，可以「種數－面積」曲線求得
樣區數目	以最小的樣區面積達所需的調查精度，可以「種數－樣區數量」曲線求得

表6-7　各類植生群落調查之最小樣區面積

植生群落類別	最小樣區面積（m²）
草本樣區	1（1×1）
低灌木及高莖草本樣區	4（2×2）
高灌木樣區	16（4×4）
喬木樣區	100（10×10）

（水土保持技術規範，2014）

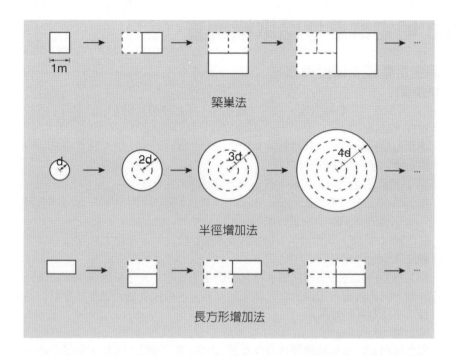

築巢法

半徑增加法

長方形增加法

以上述其中一種方法逐次放大調查樣區，並調查樣區內出現的植物種類，直到
調查到的物種數增加趨勢明顯減少為止，並依調查結果繪製種數-面積曲線。

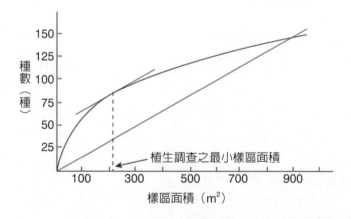

種數（種）

植生調查之最小樣區面積

樣區面積（m²）

圖6-7　以種數—面積曲線法決定最小樣區面積

（資料來源：馮豐隆，2004）

6-8 植物群落樣區取樣調查（二）

2. 植生定量調查項目與方法

(1) 調查項目

植生定量調查項目包括密度、頻度、覆蓋度，其定義與調查方法說明如下：

① 密度（density）

指單位面積內植物之個體數，其計算通常以每m^2或ha上之株數來表示。但在應用上常引起困難，原因有：

A. 個體確認之困難：如叢生竹類、匍匐狀灌木或草皮等。

B. 樣區之邊界效應（marginal effect）：樣區的邊界可能跨過一個植物個體，難以評斷是否該計算或加以排除。

C. 時間之花費：於計算草本植物或灌木植物時，常需花費大量時間。

② 頻度（frequency）

指某種植物在各設置的樣區或樣點中出現的次數，通常以調查中被記錄到的樣區數，對總設置的樣區數之比值來加以表示。但頻度並非絕對的量值，其受樣區大小及形狀影響甚大。

③ 覆蓋度（covering）

覆蓋度係以某種植物樹冠或枝條投影面積對地表面積的比值，常以分數或百分率表示之。通常做為植生群落內，不同植物所占空間比率之差異性比較，及作為植物於生育地的優勢度（dominance）之參數。

$$密度（density）= \frac{某種植物的株數}{所調查的總樣區面積}$$

$$頻度（frequency）= \frac{某種植物出現的總樣區數}{所調查的總樣區數}$$

$$樹冠層覆蓋度（covering）= \frac{某種植物樹冠投影面積之總和}{所調查的總樣區面積}$$

$$地被層覆蓋度（covering）= \frac{某種植物覆蓋面積之總和}{所調查的總樣區面積}$$

(2) 調查方法

野外常用的植物定量調查方法包括線截法或點框法。

① 線截法

或稱直線截取法（line transect），植物之介量由截取線上之長度表示之，可作為覆蓋度之計算依據；而在所有測線上出現之次數百分率可計算頻度。如圖6-8。

② 點框法

點框法（point-frame method）亦稱點樣區法，其原理為估測植物覆蓋度時，將植物覆蓋範圍的輪廓描繪至方格紙上，然後計算其所占方格數，將所得加以計

算即為此植物之覆蓋度。所適用器具為點頻度框（point-frequency frame），通常為一長寬各為1 m之木製方框，縱橫方向皆穿有數條等間隔的線，交叉成數個等大小的方格。調查時，記錄植物所接觸到的交叉點數（圖6-9），計算某植物占有交叉點之比率，即為該植物之覆蓋度。

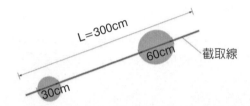

說明：
1.截取線長度L依實際調查情形而異
2.種A覆蓋度＝90/300＝30%

圖6-8　利用線截法進行植生調查示意圖與作業情形

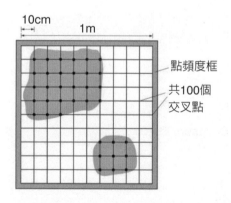

說明：種A覆蓋度＝36/100＝36%

圖6-9　利用點框法進行植生調查示意圖與作業情形

6-9 植物群落樣區取樣調查（三）

3. 植生定量分析

以植生定量調查結果之參數加以組合，藉以探討植物社會之特性。其分析項目如下：

(1) 重要值指數

重要值指數（importance value index, IVI）係用以表示一植物社會中某種植物之重要性，其計算方法為相對密度、相對頻度及相對優勢度之總合，其計算公式如下：

相對密度（relative density）$= \dfrac{\text{某種植物之密度}}{\text{所有植物密度之總和}} \times 100\%$

相對頻度（relative frequency）$= \dfrac{\text{某種植物之頻度}}{\text{所有植物頻度之總和}} \times 100\%$

相對優勢度（relative dominance）$= \dfrac{\text{某種植物之優勢度}}{\text{所有植物優勢度之總和}} \times 100\%$

喬木層IVI＝相對密度＋相對頻度＋相對優勢度（總和為300）
地被層IVI＝相對頻度＋相對優勢度（總和為200）

備註：
1. 因地被層在株數的計算上較為困難，故通常不計地被層之密度與相對密度。
2. 優勢度可以覆蓋度、樹幹直徑、生物量（收割量）或葉面積指數等介量表示

另植物生長優勢度（summed dominance ratio, SDR）可視為植物之社會地位程度。常以生育地內植物重要值（IVI）指數之總和100為基準值，做為植物生長優勢度之計算依據。以草本植物而言：其生長優勢度為相對頻度與相對覆蓋度之和平均之，而木本植物則考慮其植物相對密度。因此，各植物生長優勢度計算公式如下。

（草本植物）SDR＝（相對頻度＋相對覆蓋度）/2 = IVI/2
（木本植物）SDR＝（相對密度＋相對頻度＋相對優勢度）/3 = IVI/3

(2) 優勢度指數（index of dominance）（Simpson, 1949）

某一植物社會中，組成植物之優勢度的集中情形。

$$C = \Sigma \left(\frac{n_i}{N} \right)^2$$

$\dfrac{n_i}{N}$：表某一植物介量之可能率（高度、乾重或覆蓋面積），C值介於0與1之間，此值表示植物優勢度之集中程度，故亦稱為優勢度集中度。若C = 1表僅一種植物；C = 1/n表n種植物一樣多。

(3) 植物社會之雜異度指數

一個植物社會的組成若愈複雜，則愈能夠承受外力干擾（如病蟲害、氣候變遷等），即安定度較高。植物社會的複雜程度係以種歧異度（species diversity index）來表示，其表示方法有以下幾種：

A. **種豐富度**（Species richness, R）

$$R = \frac{S}{N}$$

S：在所調查的植物社會中，總共出現的種類。
N：在所調查的植物社會中，總共出現的個體數（株數）。

B. **Simpson歧異度指數**（Simpson Index of diversity, Dsi）

$$D_{si} = 1 - \sum (ni/N)^2 = 1 - \sum (P_i)^2$$

ni：第i種植物的個體數
N：整個植物社會所有植物種類個體數之和
$P_i = ni/N$

C. **Shannon歧異度指數**（Shannon Index of diversity, Dsh）

$$D_{sh} = -\sum (ni/N) \times \log(ni/N) = -\sum (Pi) \times \log Pi$$

ni：第i種植物的個體數
N：整個植物社會所有植物種類個體數之和

$Pi = ni/N$
植生工程施工完成後，可經由不同時間，如施工後1年、3年、5年的種歧異度來評估植生工程促進多樣性植被恢復的成效。

6-10 植生成果檢驗與評估（一）

1. 綠覆率與覆蓋率

(1) 綠覆率（ratio of green coverage）

　　綠覆率是基地綠化程度指標之一種，計算方式是基地範圍內所有由綠色植物覆蓋部分的面積（或稱綠覆面積）與基地面積百分比值，綠覆面積包括基地平面、建築物立面與頂面等，通常以百分比（％）表示。

(2) 覆蓋率（cover rate）

　　或稱植生覆蓋率，係指綠色植物植株垂直投影於坡面上面積之比率，常做為人工整坡之含土層坡面植生工程施工成果之驗收依據。

　　植生工程應依施工地區之立地條件、應用植物種類及植生方法，設計覆蓋率。一般土質坡面噴植或水土保持植生施工後，並經維護管理之覆蓋率應達90%以上。地被植物栽植施工後並經維護管理之覆蓋率應達80%以上（水土保持技術規範，2014）。

2. 播種法成果評估原則（以鋪網噴植工法為例）

(1) 水土保持計畫有關植生工程之完工調查，應依植生工程施工範圍、工法配置、植生覆蓋率、成活率、施工規範及其他契約之相關規定，進行現地調查與核對。

(2) 植生成效之判定係由使用植物、施工時期、施工目的等，在經過一定時間後進行確認（如：木本類植物之發芽確認，必須經過最少3個月）。

(3) 施工標的植物種子之發芽成長數目不足時，經確認其原因後，再進行追播等工程；若施工後不確定是否因氣象因子而影響時，必須觀察一段時間。

(4) 鐵網鋪設時應緊密貼附原地面。針對噴植厚度設計於6 cm以下時，可依坡面均勻程度容許鐵網表面部分露出之情形，但以露出部分小於10%為宜。

(5) 若施工基地部分流失、或崩塌時，可能致坡面排水功能喪失，應詳加檢查。

(6) 評估期間，植物生長狀態因施工區域、施工時期、氣象因素而有不同，於施工2個月後現地勘察之簡易判定基準，可參考表6-8說明。

小博士解說

　　有關綠覆面積的計算方式，在各政府機關與研究領域有所不同。以縣市都市設計審議原則為例：「綠覆面積」指植物枝葉覆蓋於建築物及基地內外地面之面積，在設計階段，是以不同樹木型態或設施類型給予綠覆面積定值並採累加計算，故其計算值常有大於100%之情形。而一般現地調查或以照片、衛星影像判斷現地綠覆面積，通常是以樹冠投影面積計算。因此在撰寫綠覆率數據時，須明確定義「綠覆面積」之計算方式，以免誤導。

　　另景觀建築界，亦使用綠蔽率一詞，即指某基地範圍內所覆蓋綠色植被的面積比，類似基地建築的建蔽率（內政部營建署）。

表6-8 鋪網噴植施工二個月後之全區簡易判定基準（例）

等級判定	說明	照片例	
優	1. 從坡面 10 m 外之距離，看起來全面「綠」。 2. 如屬草木本植物種子混合噴植，可看到木本植物存在，達到確認之效果。		
良	1. 從坡面 10 m 外之距離，看起來大略為「綠」，部分具有裸露地。 2. 如屬草木本植物種子混合噴植，稀疏的可以辨認出木本植物。		
尚可	1. 平均 1 m² 雖有 10 株左右之發芽，但生長緩慢。或全坡面中有大比率不發芽之情形。 2. 如屬草木本植物種子混合噴植，在草本類植物間可見少量木本類植物之發芽。		
不良	1. 植生基材流失，植物難以生長，此時需再補植。 2. 植生被覆網材滑落或坡面破壞而致植生基材流失情形。		

6-11 植生成果檢驗與評估（二）

3. 栽植法植生成果檢驗與評估

(1) 苗木材料驗苗檢驗項目

　　苗木材料品質直接影響植生綠化效果的速度及成效，所有苗木在種植前，應均爲生長勢旺、樹形良好、無病蟲害等。爲達植生綠化效果，苗木的檢驗工作成爲決定植生綠化效果的重要因素，主要目的在檢驗苗木之樣品，以確定苗木之品質。一般依苗木之高度、樹冠幅、幹徑、根球及枝下高等爲基準，予以檢定，如表6-9所述。

① 植株高度（H）：指植株頂梢至地面（G.L.）的高度。

② 樹冠幅（W）：指植株枝葉冠水平方向直徑尺寸之平均值。

③ 米徑（ϕ）：指樹幹離地面一m處直徑平均值。雙幹、多幹或分枝樹則以斷面積推算。

④ 根球（Br）：指栽植前植株根部周圍根球。根球直徑以其平均值計之。

⑤ 枝下高（BH）：由根際之主幹至第一分枝之高度。

(2) 栽植法植生成果判定原則

　　植株成活之判定，應符合原規劃設計之植株尺寸、正常生長且無病蟲害及枯萎現象。植生基地樹木品質優劣之判斷，可由樹型、根系、枝幹等判斷，說明如下：

① 樹木的形狀及尺寸之判斷是否符合設計規格。

② 根系的判斷：根系擴張良好，細根發育極良好、無腐根及受傷者、無二段根、偏側根者、根系和土壤充分密接者。

③ 樹形樹冠的判斷：側枝之冠幅與側枝之有無、無樹冠空隙，保持樹種固有樹形者。

④ 樹幹與樹枝的判斷：下枝無枯損者（枝下高適度者）、應注意側枝寬度與節間長短、無徒長枝、樹幹無寄生植物、幹先端無膨大者、幹無受傷者、幹無彎曲者。

表6-9　植物材料規格檢驗表

檢驗項目	細目	內容	檢驗基準
樹木地上部	喬木	植株高	植株高矮之差距，不得超過設計規格高度之 10%。
		樹冠幅	較標準規格小者，其差距不得小於設計規格之 10%，但大於標準規格者，可經同意後准予代用。
		米徑	植株1米高之直徑值，不得超過設計規格直徑之10%。
		枝下高	枝下高之差距，不得超過設計規格高度之 10%。
	灌木	植株高	植株高矮之差距，不得超過設計規格高度 10%。
		樹冠幅	較設計規格小者，其差距不得小於設計規格之 10%，但大於設計規格者，經同意後准予代用。
	樹種	樹種、品種、變種	符合所指定之樹種，若須以其他品種或變種替代，應徵求甲方及原規劃設計監造單位同意。
	樹形	樹枝分布	符合樹木原來的基本樹形，樹枝分布均衡而無殘缺不全情形。
		樹幹直立性	樹幹通直、無歪斜情形。
枝葉	葉色	葉色	為原有之葉色，無病蟲害或營養不良情形。
		修剪痕	修枝切口癒合良好，無腐朽情形。
		樹皮	樹皮無折傷情形。
	病蟲害	病蟲害的發生	無下列病徵：變色、壞疽、凋萎、矮化、萎縮、肥大、簇葉、黑穗、潰瘍、捲葉、流膠、腐敗及蟲體或害蟲所造成的傷口。
	移植及運搬	枝幹保護	按指定材料將樹幹及主枝包捲。
		葉	葉無嚴重受損情形。
		枝幹	枝幹無裂傷受損及歪斜情形。
		運搬狀況	苗木運搬時，對根群、枝葉及樹皮均能妥善保護，且無損傷情形。

6-12 植生成果檢驗與評估（三）

(3) 植栽苗木成活驗收

苗木驗收標準除點收樹種、株數、規格及栽植位置等項目外，亦應注意栽植的深度是否符合原有之根際線、根株是否直立扶正、客土回填面是否平整等細項。

① 植栽工程估驗

苗木栽植或移植完成時，可由承包廠商提出申請估驗，估驗時應附竣工圖，圖內應包含植株位置、編號、規格等資料。

② 養護期間之檢查

苗木栽植後，通常在第60天、第110天，各施肥一次，在養護期間發現植物不能成活時，即應立即補植。若養護期滿屆時未達合格標準，得延長2個月養護期，屆時若未達標準則依規定予以扣款。

③ 養護期滿檢驗

承包廠商於養護期滿後可報請甲方甲方辦理養護期滿檢驗，合格後無息退還養護保證金。養護期滿檢驗時，承包廠商應檢附養護工程竣工圖與查驗資料，圖內應包含植株位置、編號、規格，補植者且應加列補植日期。

④ 歷次檢驗之標準除應符合施工規範之規定外，且應達下列標準

A. 各樹種均應生長良好、無病蟲害及枯萎現象。

B. 一般坡面或緩衝帶之苗木栽植成活率需達90%以上。

C. 景觀樹種在養護期滿驗收存活率應達100%（或依契約規定辦理）。

⑤ 補植規定

歷次檢查估驗及養護期滿檢驗之植栽存活數量，若低於既定之存活率時，其不足部分承包廠商必須進行補植。補植完成後，承包廠商應會同甲方對所有補植植栽做檢驗並決定核准與否。補植植栽之所有採買、種植、養護等費用，須由承包廠商自行負擔。

⑥ 栽植區如因栽種作業而受損，應將該區復原，並應清除區內之雜物。

⑦ 大面積緩衝綠地或環境應力較大區域之植栽工程，其栽植苗木成活驗收，通常難為困難，可參考圖6-10之成活等級簡易判定之。

等級判定	說明	照片例
優良	1. 整體苗木生長良好，有新長枝條與葉片，可適應現地環境。 2. 於繁殖季節可自行開花、結果。	 
尚可	1. 苗木未有明顯生長勢，僅保有原栽植情形，暫未有新長枝條。 2. 根部有藤蔓纏繞但不影響苗木生長，人工除蔓即可。 3. 海岸地區枝葉受鹽霧而部分枯萎，但頂芽與側芽仍正常生長。	 
不良或死亡	1. 苗木枝條、葉片枯萎。或新芽僅由根幹部萌芽。 2. 蟲食或病害造成苗木死亡。 3. 藤蔓植物纏繞嚴重，造成苗木死亡，或致頂芽生長不良。 4. 乾旱或強風而致落葉或死亡。	 

圖6-10　栽植苗木成活等級簡易判定照片例

6-13 植生成果檢驗與評估（四）

(4) 樹木健康度調查

樹木健康度可以樹木目視診斷法（Visual tree assessment, VTA）進行評估（表6-10）。VTA法為德國Mattheck（1993）所提出之結合樹體構造、力學強度與生物學的診斷法，以目視方法檢測林木得知其健康度與危險度；從樹幹、粗枝、根的膨脹或是傷口、突起、裂開等外觀上的異常進行評估判斷，觀測項目包括：

① 枝的生長（萌蘗）
② 枯損被害（樹冠梢枯萎程度）
③ 枝葉的茂密程度（樹冠密度）
④ 枝葉生長的均勻程度
⑤ 樹皮及主幹的健康程度

依以上各診斷項目進行調查，將各項評估加總所得分數（點數），做為樹木健康度評估之依據。由於調查樹木對象不同（老樹、行道樹、公園綠地樹木或防風林木等）時，常有依實際需要調整評估項目或將各評估項目加總分數除以評價項目數，計算平均值，並將樹木健康度分為：良（<0.6）、稍微不良（0.6~1.2）、不良（1.2~1.8）、明顯不良（1.8~2.4）、快要枯死（2.4 以上）等5級。如表6-11。

表6-10　VTA法外觀診斷表

項目 （位置）	損傷程度			
	0點	1點	2點	3點
枝的生長	健康	有萌蘗產生	大量萌蘗	上方多枯枝
枯損被害	無枯萎	下方有枯萎	上下有枯萎	大部分枯萎
枝葉的茂密 程度	枝條茂密、葉子 均為普通到大葉	枝條尚可、稍有 些小葉	枝葉很少、樹幹 上端有許多小葉	無枝葉生長、全 株均小葉

表6-10　VTA法外觀診斷表（續）

項目 （位置）	損傷程度			
	0點	1點	2點	3點
枝葉生長的 均勻度				
	均勻生長	微偏向一側	大部分偏向	完全偏向
樹皮、主幹				
	 無損傷、無腐朽	 樹皮稍微粗糙、枝條或幹有膨脹突起	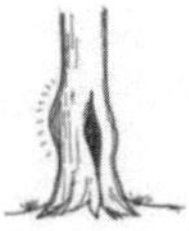 部分損傷樹皮有異常、明顯枝幹膨大突起有空洞	 樹皮有裂痕並脫落、樹幹已有大空洞

表6-11　以樹木目視診斷法（VTA）進行樹木健康度調查例

樹種：木麻黃　　　調查日期：2015.06.29　　　調查地點：雲林縣麥寮鄉保安林

項目	損傷程度說明	評估分數	
枝的生長	健康	0	
枯損被害	下方有枯損	1	
枝葉的茂密程度	全株均小葉	3	
枝葉生長的均勻度	完全偏向	3	
樹皮主幹	無損傷、無腐朽	0	
VTA 總分		7	
各診斷項目之平均分數 7/5 = 1.4（不良）			

6-14 主要外來侵略種植物與防治方法

1. 外來植物之定義

(1) 外來種（exotic spiesies）：據國際自然及自然資源保育聯盟（International Union for the Conservation of Natural and Natural Resources, IUCN）於2000年公布之定義為：「一物種、亞種乃至於更低分類群，並包含該物種可能存活與繁殖的任何一部分，出現於自然分布區域及可擴散範圍之外」。

(2) 馴化種（acclimatize species）：IUCN（2000）公布之定義為：「已於自然或半自然生態環境中建立穩定植群，並可能進而威脅原生生物多樣性者」。外來種若因逃逸或刻意放至野外，適應了當地的環境，並能自然繁衍後代，可稱之為馴化種或歸化種。

(3) 入侵種（invasive species）：或稱為侵略種。馴化種若對新棲地原生種、環境、農業或人類造成傷害，威脅當地生態系，或對當地經濟造成損失，則稱為入侵種。

2. 臺灣地區外來植物之種類

　　人為干擾地或植群演替初期的地區最易被外來植物入侵，外來種往往占據原本物種生態棲位的空檔，但有時也會與本地種間產生競爭關係，影響本地之生態系結構。

　　臺灣目前野外可見之歸化植物，估計約有80科300屬450種（特有生物研究保育中心），若包含園藝植物等未歸化之種類，估計外來種種數與臺灣原生種同樣約為4,000種。如此龐大之數目，使得外來種之逸出及危害更容易發生，威脅本地之原生種植物。常見侵略種之外來植物，如小花蔓澤蘭、銀合歡、布袋蓮、天竺草、大花咸豐草、狼尾草、豬草、銀膠菊、牧地狼尾草、美洲含羞草、法國菊等。

3. 臺灣常見外來侵略性植物之來源、特性與防治方法（如表6-12、6-13）

表6-12 常見外來侵略性植物來源與特性

植物種類	來源與特性	照片
小花蔓澤蘭 *Mikania micrantha* Kunth.	原產於熱帶中美洲。在臺灣最早被採集的標本是 1986 年採自屏東萬巒，在 1990 年代於臺灣海拔 1000 m 以下迅速擴展領域，尤其是荒廢地及無人管理的空地均為其所覆蓋。	
大花咸豐草 *Bidens pilosa* L. var. *radiata* DC.	原產太平洋諸島，四季開花，容易栽植，不須照顧且花粉產量大，臺灣蜂農於 1984 年從琉球引進，穩定提供蜜蜂採集利用，現在已成為全省野地馴化的野生植物。	
大黍（天竺草） *Panicum maximum* Jacq.	原產於熱帶及亞熱帶的印度及非洲一帶，臺灣曾於 1908 年始由菲律賓引進作為牧草，在各地進行試種，結果生育良好，可作為馬匹的糧草，故又將天竺草稱為馬草。	
銀膠菊 *Parthenium hysterophorus* L.	銀膠菊產於美國南部、墨西哥、宏都拉斯、西印度群島以及南美洲，適合生長於溫暖的環境。臺灣並無引進之記錄，可能為偶然之機會入侵生長，主要分布在金門及臺灣西部沿海地區。其花粉易對呼吸道造成危害。	
銀合歡 *Leucaena leucocephala* (Lam.) de Wit	臺灣地區曾引進之銀合歡包括夏威夷型銀合歡與薩爾瓦多型銀合歡。夏威夷型銀合歡引近甚早，作為荒地植生造林樹種。薩爾瓦多型銀合歡主要為民國60年代引進造林，多提供造紙原料。	
含羞草 *Mimosa pudica* Linn.	原產熱帶南美洲，1645 年間由荷蘭人引入臺灣。喜好生長於開闊環境、路旁潮濕地或是荒地等。	

資料來源：曾彥學

表6-13　主要外來侵略植物之防治方法（例）

植物種類	防治方法概要
小花蔓澤蘭	1. 小花蔓澤蘭為非耐蔭性藤本，若林木較高或鬱閉度較大時，在林下低光環境下無法生存。 2. 防除小花蔓澤蘭的最佳時機，是每年 8~10 月結實前這段期間，每年 8 月開始第一次除蔓，每隔一個月切蔓一次，連續切蔓三次，最晚應在 10 月上旬完成第三次人工除蔓，即可達到 90% 以上的抑制效果。
銀膠菊	1. 剛萌芽的銀膠菊，以人工拔除幼苗是一個有效的方法，於春天時其尚未進行無性繁殖時即將幼苗連根拔起，其控制效果明顯。 2. 由於其根系短淺，亦可使用簡單機具直接移除。防除時機則盡可能在開花前即施予處理，使其不再有結實繁殖的機會，並可避免其花粉飛散對呼吸道造成危害。 3. 當水分大量減少時，會影響銀膠菊種子的發芽情形，使發芽率下降。於旱季時可配合人工或機械進行，提高銀膠菊之防除效果。
銀合歡	1. 大面積銀合歡純林或大徑木銀合歡使用嘉磷塞可有效地防除，降低其族群數量。嘉磷塞在土壤中會被微生物分解，半衰期為 47 日，且於低溫環境中也能完全分解。 2. 小區域可以人工伐除。伐除時間點選擇上以每年 2、3 月開花期及果莢未成熟前為較適當之時段；伐除時應注意將種子與果莢等移除，避免其散落而累積於土壤種子庫。
含羞草	1. 以人工拔除或密集生長的含羞草可用機械將地上部分割除。 2. 利用樂滅草（Oxadiazon）加水稀釋，均勻噴灑於表土，但樂滅草為非專一性農藥，亦會影響附近的植被，用藥過量可能會對野生動物或魚類造成傷害。

主要參考文獻

1. 中國生物學會。2005。大樹保護技術研習會研習手冊。行政院農業委員會林務局。
2. 中華水土保持學會。2005。「水土保持手冊-植生篇、生態工法篇」。行政院農業委員會水土保持局編印。
3. 中華水土保持學會。2014。水土保持技術規範。行政院農業委員會。
4. 中華民國景觀學會。2006。市區道路生態綠廊道整體建構計畫。內政部營建署。
5. 日本財團法人綠化技術開發。洪得娟譯。1998。新綠化空間設計指南(2)技術手冊。地景企業股份有限公司（ISBN13：9789578976696）
6. 王獻堂、水水團隊。2015。魚菜共生。尖端出版公司。
7. 行政院農業委員會林務局。2009。以木構造辦理國有林地治理工程之研究。國立中興大學水土保持學系。
8. 行政院環境保護署。2002。植物生態評估技術規範。
9. 吳正雄。1990。樹根力與坡面穩定關係之研究。中華水土保持學報 24(2)：23-37。
10. 林六合、陳秋銓。2003。行道樹栽植與維護管理作業手冊。行政院農業委員會林務局。
11. 林信輝（主編）。2006。水土保持植物解說系列（一）－坡地植生草類與綠肥植物。行政院農業委員會水土保持局編印。（ISBN：978-986-00-7424-6）。
12. 林信輝（主編）。2006。水庫濱水帶植物。經濟部水利署編印。（ISBN：978-986-00-9041-3）。
13. 林信輝（主編）。2007。水生植物手冊。行政院農業委員會水土保持局編印。（ISBN：978-986-01-1852-0）。
14. 林信輝（主編）。2007。石門水庫集水區崩塌地植生工程與應用植物手冊。經濟部水利署北區水資源局編印。（ISBN：978-986-01-2355-5）。
15. 林信輝（主編）。2008。集水區植生群落調查應用手冊。行政院農業委員會水土保持局編印。（ISBN：978-986-00-9041-3）。
16. 林信輝（主編）。2011。水庫集水區竹林環境保育及經營管理參考手冊。經濟部水利署編印（ISBN：978-986-03-0632-3）。
17. 林信輝、謝政諺、巫清志、陳意昌。2014。含水泥與菇類堆肥噴植資材配方之試驗研究，水土保持學報，46(2):1015-1028。
18. 林信輝、余婉如。2009。生態工程應用植生木樁材料之適用性評估因子分析。水土保持學報41(1)：81-92。
19. 林信輝、張俊彥。2005。景觀生態與植生工程規劃設計。明文書局。
20. 林信輝、楊宏達、陳意昌。2005。九芎植生木樁之生長與根系力學之研究。中華水土保持學報36(2)：123-132。
21. 林信輝、謝杉舟、陳財輝。2004。日本治山綠化工程考察。2004水土保持植生工程研討會P.99-110.中興大學，臺中。2004年11月26日。
22. 林信輝。2004-2009。臺灣地區水土保持草皮草種解說系列（一）～（九）。環境

綠化41期～51期。中華民國環境綠化協會。

23. 林信輝。2012。特殊地植生工程。五南圖書公司。

24. 林信輝。2013。坡地植生工程。五南圖書公司。

25. 林德貴、黃柏舜、林信輝。2005。植生工程根系力學－調查與試驗。地工技術 104：87-102。

26. 林樂健。1993。園藝學通論。臺灣開明書店。

27. 洪得娟譯。1998。新綠化空間設計指南2技術手冊（日本財團法人都市綠化技術開發機構）。地景企業公司。

28. 張育森。2006。行道樹栽植與移植技術。94年度栽植工程監工實務講習訓練資料。

29. 張集豪。2013。從垂直綠化談住家綠美化。農友月刊63卷773期。

30. 張集豪。2015。耐風性不佳的景觀植物。農友月刊66卷806期。

31. 陳仁炫、林正鈁、郭惠千。1992。土壤肥力因子之分級標準彙集。國立中興大學土壤研究所。

32. 陳明義。1999。臺灣海岸濕地植物。行政院農業委員會、中華民國環境綠化協會編印。

33. 陳財輝。2008。海岸防風林的營造與機能。興大農業66:6-11。

34. 章錦瑜、鄒君瑋。2010。最新植栽設計手冊。日月昇文化事業公司。

35. 章錦瑜。2007。景觀樹木觀賞圖鑑。晨星出版公司。

36. 章錦瑜。2004。景觀喬木賞花圖鑑。晨星出版公司。

37. 章錦瑜。2004。景觀灌木藤本觀賞圖鑑。晨星出版公司。

38. 游繁結。2007。水土保持名詞詞彙。行政院農業委員會水土保持局編印。

39. 馮豐隆。2004。森林測計學。國立中興大學森林調查測計研究室。

40. 彭心燕、林信輝、吳振發、賴瞹翔。2010。羅滋草與賽芻豆覆蓋地區植生入侵演替機制之研究。水土保持學報42(2)：213-226。

41. 新北市政府農業局。2013。新北市政府樹木移植作業方式及技術要領。

42. 新北市政府農業局。2013。新北市政府樹木維護修剪作業方式及技術要領。

43. 經濟部水利署水利規劃試驗所。2004。「台灣地區水利生態工程適用植物與植栽技術手冊」。社團法人中華民國環境綠化協會。

44. 經濟部水利署水利規劃試驗所。2004。「臺灣地區水利生態工程適用植物與植栽技術手冊」。社團法人中華民國環境綠化協會。

45. 經濟部水利署北區水資源局。2008。石門水庫集水區崩塌地調查監測暨植生保育對策方案之研究計畫。社團法人中華民國環境綠化協會。

46. 賴明洲、李叡明譯。1992。建築空間綠化手法（興水肇著）。地景企業公司。

47. 楊秋霖。1996。環境、森林、野鳥。中國造林事業協會。

48. 臺北市政府工務局公園路燈工程管理處。2014。臺北市樹木移植作業規範。

49. 臺灣省政府農林廳。1990。環境綠化工作手冊。中華民國環境綠化協會編印。

50. 臺灣省政府農林廳。1998。國際種子檢查規則。行政院農業委員會。

51. 臺灣綠屋頂暨立體綠化協會。2014。天空之園。台北城邦文化事業公司。

52. 劉業經、呂福原、歐辰雄。1994。臺灣樹木誌。國立中興大學農學院。

53. 謝平芳、單玉珍、邱茲容。2003。植物與環境設計。知音出版社（ISBN: 9867825136）。

54. 蘇鴻傑。1978。中部橫貫公路沿線植被景觀之調查與分析。臺灣大學與交通部觀光局合作研究報告。

55. 鍾弘遠。1992。植生工程施工與設計。地景出版社，PP.200-250。

56. 小橋澄治、村井宏。1995。のり面綠化の最先端－生態、景觀與安定技術。株式會社ソフトサインス社。

57. 中島宏、五十嵐誠、近藤三雄。1995。綠空間の計劃と設計。財團法人經濟調查會。

58. 中島宏。1992。植栽の設計・施工・管理。財團法人經濟調查會。

59. 日本全國治山治水協會。1999。治山技術基準解說總則，山地治山篇。日本林道協會。林野庁監修。

60. 日本全國治山治水協會。2004。治山技術基準解說－防災林造成篇。林野庁監修。

61. 日本全國治水防砂協會。1998。新・斜面崩壞防止工事設計之實例－急傾斜地崩壞防止工事技術指針（本編）。建設省河川局砂防部監修。

62. 日本全國治水防砂協會。1998。新・斜面崩壞防止工事設計之實例－急傾斜地崩壞防止工事技術指針（參考編）。建設省河川局砂防部監修。

63. 日本芝草學會。1988。芝生と綠化。株式會社ソフトサインス社。

64. 日本綠化工學會。1990。綠化技術用語事典。財團法人山海堂。

65. 全國SF綠化工法協會。1991。連續纖維綠化基盤工施工工法標準仕樣・積算基準。

66. 安保昭。1983。のり面綠化工法－のり面の安定と綠化。森北出版社。

67. 村井宏・湯淺保雄・若林徹。1986。航空綠化工の施工事例に關する研究。綠化工技術11(3)：1-14。

68. 林野廳。1990。航空綠化工の計畫、設計、施工指針とその解說。

69. 苅住昇。1987。樹林根系圖說。誠文堂新光社。

70. 高橋理喜南、龜山章。1987。綠の景觀と植生管理。株式會社ソフトサインス社。

71. 進藤三雄。1991。最新綠化工法、資材便覽。株式會社ソフトサインス社。

72. 龜山章、三栬彰、近藤三雄、興水肇。1989。最先端の綠化技術。株式會社ソフトサインス社。

73. Balogh, J. C. and W. J. Walker. 1992. Golf Course Management and Construction. Lewis Publishers.

74. Chen, Yi-Chang, Chen-Fa Wu, Shin-Hwei Lin. 2014. Mechanisms of Forest Restoration in Landslide Treatment Areas, Sustainability. 6(10):6766-6780.

75. Chen, Yi-Chang, Shin-Hwei Lin, Edward Ching-Ruey Luo. 2013. The Different Vegetation Materials with Cement and Mushroom Waste Compost for Hydro seeding Test, International Journal of Engineering and Innovative Technology (IJEIT). 3(6):217.

76. Coppin, N. J. and I. G. Richards (Edi).1990. Use of Vegetation in Civil Engineering. London Boston Singapore Sydney Toronto Wellington.

77. Gray, D. H. and A. J. Leiser. 1982. Biotechnical Slope Protection and Erosion Control. Van Nostrand Reinhold, New York.

78. Hamilton, A. and P. Hamilton. 2006. Plant conservation: an ecosystem approach. Earthscan(UNESCO).

79. Huang, Tseng-Chieng. *et al.* (eds.). 2003. Flora of Taiwan, 2nd edition Vol. 1. National Taiwan University, Taipei, Taiwan, ROC.

80. Levitt, J. 1980. Physiological Ecology-Responses of Plants to Environmental Stresses. 九大圖書.

81. Lin, Shin-Hwei, Yen-Hsiu Lin, Chen-Fa Wu. 2012. Landslide Mechanism of Makino Bamboo Forest at Watershed and Community Scales. Disaster Advances 5(4): 201-208.

82. Lin, Shin-Hwei, Yi-Chang Chen, Chih-Shang Lin. 2014. Vegetation Effect and Succession Analysis of Mixed Medium after Hydroseeding on Roadside Slopeland, International Journal of Basic & Applied Sciences (IJBAS). 14(2):12-17.

83. Manso, Maria N., João Castro-Gomes. 2015. Green wall systems: A review of their characteristics, Renewable and Sustainable Energ yReviews 41(2015):863-871.

84. Mattheck, C., H.Breloer, (1993). The body language of trees. A handbook for failure analysis. London: Office of the Deputy Prime Minister, Stationery Office.

85. Schiechtl, H. M. 1980. Bioegineering for Land Reclamation and Conservation. University of Alberta.

86. The World Bank.1990. Vetiver Grass: The Hedge Against Erosion.(ISBN:0-8213-1405-X)

附　錄

附表一　常用水土保持草類之生育習性與生長特性一覽表

中名	生長海拔高	形態	生長速率	繁殖方法	種子粒數/公克	耐瘠	耐旱	耐濕	耐暑	耐寒	耐酸	耐蔭	耐鹽	耐踐踏	主要用途
類地毯草	中、高海拔（2,000m 以下）	0.05-0.35m 多年、匍匐莖	中	分株、播種	2,500	●●	●●	●●●	●●●	●●●	●●●	●●	●●	●●●	邊坡穩定、草溝、庭園草皮
地毯草	低海拔（200m 以下）	0.15-0.4m 多年、走莖	慢	扦插、分株	3,000	●●	●	●●●	●●●	●	●	●●●		●●	林下覆蓋、草皮植種
羅滋草（蓋氏虎尾草）	低海拔地區（500m 以下）	1-1.45m 叢生、多年	快	播種	3,333	●●●	●●●	●	●●	●			●●	●	鹽地植生、荒地植生
竹節草	低海拔（700m 以下）	0.05-0.1m 多年、匍匐莖	慢	分株、扦插	950	●●●	●●●	●	●●	●	●		●●	●●●	鹽地植草、天然草地
狗牙根（百慕達草）	低海拔（600m 以下）	0.05-0.4m 走莖、宿根 多年	快	扦插、播種	3,800	●●	●●	●●	●●	●●	●●	●	●●	●●●	天然草地、護植草種、邊坡植生
改良品系百慕達草	低海拔（600m 以下）	走莖地下化、節間短	中	扦插、莖播	-----	●●	●●	●●	●●	●●		●	●●		球場草皮、庭園草皮
果園草（鴨茅）	高海拔（2,500m 以下）	0.5-0.7m 叢生、多年	中	分株、播種	820	●●	●●	●	●	●●●	●	●●●		●	高海拔草種、果園覆蓋
戀風草	低海拔	0.7-0.8m 叢生、多年	中	播種	-----	●●	●●	●	●●	●●	●	●	●●	●	草帶草種、台壁植草
假儉草	中、低海拔（1,400m 以下）	0.05-0.15m 多年、匍匐莖	中	扦插、分株、播種	1,600	●●●	●●	●●	●●	●●	●●	●●	●●	●●	草皮草種、邊坡植生
高狐草（葦狀羊茅）	中、高海拔（3,000m 以下）	0.5-1m 深根、叢生 多年	快	播種	400	●●	●●●	●●	●●	●●	●●	●●	●●	●	崩塌地植生、護植草種
多年生黑麥草	高海拔（1,500~2,500m）	0.2-0.4m 叢生、短期	快	播種	460	●●	●	●●	●	●●●	●●	●●		●	護植草種
五節芒	中、低海拔（2,500m 以下）	2-4m 多年、叢生	快	播種、分株	1,250	●●●	●●●	●	●●●	●●	●●●	●●	●●●	●	荒地植生、邊坡穩定
兩耳草	中、低海拔（2,000m 以下）	0.05-0.3m 高走莖、多年	快	扦插、莖播	4,600	●●	●●●	●●	●●	●	●●	●●		●●●	天然草地、果園天然覆蓋
大理草（毛花雀稗）	中海拔（2,000m 以下）	0.5-1.5m 叢生、多年	中	分株、播種	460	●●	●●	●●	●●	●●●	●●	●●		●●	邊坡植生、果園覆蓋
百喜草（大葉品系 A44）	中、低海拔（800m 以下）	0.3-0.5m 多年、分蘗	中	扦插、播種	350	●●	●●	●●	●●●	●●	●●●	●●		●●	草帶草種、草溝、果園覆蓋

中名	生長海拔高	形態	生長速率	繁殖方法	種子粒數/公克	耐瘠	耐旱	耐濕	耐暑	耐寒	耐酸	耐蔭	耐鹽	耐踐踏	主要用途
百喜草（小葉品系A33）	中、低海拔（1,500m以下）	0.3-0.5m 多年、分蘖	中	扦插、播種	350	●●	●●	●●	●●●	●●	●●	●●	●●		邊坡面植生、草溝、頂植草種
海雀稗	沿海地區	匍匐	慢	莖播、扦插	-----	●●●	●●●	●●●	●●●	●	●	●●	●●●		定砂草種、鹽地植生
鋪地狼尾草（克育草）	中海拔（1,500m以下）	植株變化大 多年、分蘖	快	扦插	-----	●●	●●	●●	●	●●●	●●	●●	●●		邊坡穩定、高海拔草原
狼尾草	中海拔（1,500m以下）	2-4m 叢生、多年	快	播種、扦插	143	●●●	●●●	●●●	●●		●●		●●●	●	防風定砂、荒地植生
甜根子草	沿海地區	1-3m 叢生直立、多年	中	分株、扦插	-----	●●●	●●●	●	●●●		●				防風定砂、防風草帶
濱刺麥	沿海地區	0.3-1.0m 多年、宿根、匍匐草	中	扦插、播種	-----	●●●	●●●	●	●●		●		●		定砂草種
奧古斯丁草	低海拔（500m以下）	0.05-0.2m 多年、匍匐草	中	扦插	-----	●●	●●	●●	●●	●●	●●	●●●	●●	●●●	海岸植生、泥岩植生
培地茅	低海拔	1-3m 多年、叢生	快	分株	-----	●●●	●●●	●●	●●●		●●		●●●	●●	草帶草種、惡地植生、荒地植生
馬尼拉芝（斗六草品系）	低海拔至沿海地區	0.05-0.1m 多年、匍匐草	快	分株、扦插	-----	●	●●	●●	●●	●●	●●	●	●●	●●	海岸植生、植被覆蓋
高麗芝	低海拔至沿海地區	3-8cm 匍匐草、多年	慢	分株、扦插	-----	●	●●	●	●●	●●	●●	●●	●●	●●	草皮草種、庭園植草

【註】："●●●" 耐度較高　"●●" 耐度中度　"●" 耐度較低

附表二　常見景觀樹種一覽表

No.	名稱	生活型	觀葉	觀花	觀果	觀姿	香氣
1	九芎	落葉		◎		◎	
2	大王椰子	常綠			◎	◎	
3	大花紫薇	落葉		◎	◎		
4	大葉山欖	常綠				◎	
5	大葉桃花心木	常綠或落葉			◎		
6	山櫻花	落葉		◎			
7	月橘	常綠			◎		◎
8	木麻黃	常綠				◎	
9	木棉	落葉		◎			
10	毛柿	常綠			◎	◎	
11	水柳	落葉				◎	
12	水黃皮	半落葉		◎		◎	
13	火焰木	常綠		◎			
14	可可椰子	常綠				◎	
15	臺東漆	常綠		◎	◎	◎	
16	白千層	常綠		◎		◎	
17	白水木	常綠	◎	◎		◎	
18	白雞油	半落葉		◎		◎	
19	印度紫檀	落葉	◎	◎			◎
20	印度黃檀	常綠	◎				
21	印度橡膠樹	常綠	◎				
22	吉貝	落葉		◎		◎	
23	竹柏	常綠	◎		◎	◎	
24	羊蹄甲	落葉		◎			
25	血桐	落葉	◎			◎	
26	扶桑花	落葉		◎			
27	杜英	常綠	◎				

No.	名稱	生活型	觀葉	觀花	觀果	觀姿	香氣
28	杜鵑	常綠		◎			
29	亞歷山大椰子	常綠		◎			
30	油桐	落葉	◎	◎	◎		
31	肯氏南洋杉	常綠				◎	
32	金龜樹	常綠	◎			◎	
33	金露花	常綠		◎	◎		
34	阿勃勒	常綠		◎		◎	
35	雨豆樹	落葉		◎		◎	
36	厚皮香	常綠	◎	◎		◎	
37	垂柳	落葉				◎	
38	垂榕	常綠	◎			◎	
39	春不老	常綠	◎	◎			
40	相思樹	常綠			◎	◎	
41	盾柱木	落葉		◎			
42	美人樹	落葉		◎		◎	
43	苦楝	落葉		◎		◎	
44	茄苳	落葉	◎		◎	◎	
45	重瓣夾竹桃	常綠		◎			
46	桃	落葉		◎			
47	海檬果	常綠				◎	
48	烏心石	常綠		◎	◎	◎	
49	烏桕	落葉	◎				
50	草海桐	常綠		◎		◎	
51	酒瓶椰子	常綠				◎	
52	馬拉巴栗	常綠				◎	
53	梅	落葉		◎	◎	◎	◎
54	第倫桃	半落葉	◎		◎		
55	細葉欖仁	落葉				◎	

No.	名稱	生活型	觀葉	觀花	觀果	觀姿	香氣
56	掌葉蘋婆	落葉	◎		◎		
57	棍棒椰子	常綠				◎	
58	無患子	落葉	◎				
59	猢猻木	落葉				◎	
60	莿桐	落葉		◎			
61	象牙樹	常綠			◎	◎	
62	黃花夾竹桃	常綠		◎	◎		
63	黃金風鈴木	落葉		◎			
64	黃金榕	常綠	◎			◎	
65	黃脈刺桐	落葉	◎				
66	黃連木	落葉	◎		◎		
67	黃椰子	常綠				◎	
68	黃槐	常綠		◎		◎	
69	黃槿	常綠		◎			
70	黑板樹	常綠				◎	
71	楓香	落葉	◎			◎	
72	櫸榆	落葉				◎	
73	稜果榕	常綠	◎				
74	落羽松	落葉	◎				
75	榕樹	常綠				◎	
76	福木	常綠			◎	◎	
77	臺灣海棗	常綠				◎	
78	臺灣杪欏	常綠	◎				
79	臺灣欒樹	落葉	◎	◎	◎		
80	蒲葵	常綠	◎				
81	銀葉樹	常綠	◎			◎	
82	銀樺	常綠	◎	◎		◎	
83	鳳凰木	落葉		◎			

No.	名稱	生活型	觀葉	觀花	觀果	觀姿	香氣
84	槭葉翅仔木	常綠	◎	◎			◎
85	樟樹	常綠				◎	◎
86	緬梔	落葉		◎		◎	
87	錫蘭橄欖	常綠	◎		◎	◎	
88	龍柏	常綠				◎	◎
89	濕地松	常綠				◎	
90	糙葉樹	落葉	◎				
91	叢立孔雀椰子	常綠	◎	◎			
92	檸檬桉	常綠				◎	
93	雞冠刺桐	落葉				◎	
94	瓊崖海棠	常綠		◎	◎		
95	羅比親王海棗	常綠		◎			
96	羅望子	常綠		◎	◎		
97	鐵刀木	常綠		◎			
98	變葉木	落葉	◎				
99	艷紫荊	落葉		◎			
100	欖仁樹	落葉	◎				

附表三　常用草花植物一覽表

名稱	株高(cm)	播種期	開花期	花色	播種量(g/m²)	發芽日數(天)	發芽溫度(℃)
大金雞菊	25~30	秋、冬	春～夏	黃	0.75	8-10	10-25
蛇目菊	35~50	春～夏	春～夏	黃、紅、各色混合	0.5	8-10	10-25
天人菊	25~45	全年	春～夏	混合	0.75	7-14	10-30
粉萼鼠尾草	50~70	秋、冬	春～夏	藍紫	0.5	10-14	15-28
一串紅	25~60	秋、冬	春～夏	紅、混合	0.5	10-14	15-28
千日紅	20~40	全年	春～秋	紫紅、混合	1.0	7-14	15-35
向日葵	80~100	全年	春～秋	黃	2.0	6-10	15-35
蜀葵	60~200	秋、冬	夏～秋	紅、紫、黃、粉紅、白	0.5	6-10	15-30
醉蝶花	80~100	全年	夏～秋	紫、桃紅	1.0	7-14	15-35
墨西哥向日葵	50~70	全年	夏～秋	緋赤	1.5	6-10	15-35
大波斯菊	50~80	秋、冬	秋～春	黃、紫、粉、混合	1.0	5-6	10-25
金盞花	20~30	秋、冬	冬～春	黃、橙	2.0	7-14	8-25
矢車菊	30~50	秋、冬	冬～春	混合	0.75	8-12	10-20
白晶菊	15~20	秋、冬	冬～春	白	0.75	5-10	5-20
非洲鳳仙花	15~25	秋、冬	冬～春	混合	0.2	6-10	10-25
柳穿魚	40~60	秋、冬	冬～春	混合	0.5	14-21	5-25
矮牽牛	20~60	秋、冬	冬～春	混合	0.1	7-14	10-25
福祿考	20~30	秋、冬	冬～春	混合	1.0	10-14	5-25
羽裂美女櫻	15~20	全年	冬～春	混合	0.5	7-14	10-35
金魚草	30~100	秋、冬	冬～夏	混合	0.2	7-14	10-25
麥桿菊	30~60	秋、冬	冬～夏	混合	0.5	6-10	15-25
金蓮花	蔓性10~15	秋、冬	冬～夏	混合	2	7-14	10-25
日日春	20~50	全年	全年	紅、白、桃、混合	0.5	7-14	10-35
黃波斯菊	25~70	全年	全年	黃、橙、紅、混合	1.25	5-6	10-35
鳳仙花	25~35	全年	全年	混合	0.75	5-6	15-35

名稱	株高（cm）	播種期	開花期	花色	播種量（g/m²）	發芽日數（天）	發芽溫度（℃）
萬壽菊	35~80	全年	全年	橙、黃、金黃、混合	1.0	5-8	15-30
孔雀草	20~30	全年	全年	混合	1.0	5-8	10-28
百日草	20~70	全年	全年	混合	1.0	5-7	10-35

附表四　常用木本植物之生育習性與生長特性

甲、常用大喬木之生育地習性與生長特性一覽表

No.	名稱	適應地區				土壤PH			土壤濕度			土壤質地			生長速率			繁殖法				日照			根系			移植難易		
		北部	南部	山區	海岸	酸	中	鹼	乾	中	濕	黏土	壤土	砂礫	快速	中速	慢速	播種	扦插	分株	壓條	全	半	耐陰	深根	中根	淺根	難	中	易
1	大王椰子	●	●				●			●				●		●		●	●			●					●		●	●
2	大葉山欖	●	●		●	●	●	●	●	●	●	●	●	●		●			●	●		●	●		●	●				
3	大葉桃花心木	●	●				●			●			●			●		●					●			●				
4	火焰木		●				●			●		●	●	●		●		●	●			●				●				
5	可可椰子	●	●		●		●			●				●		●		●				●					●			●
6	印度紫檀	●	●				●			●			●			●		●				●				●				
7	印度黃檀	●	●				●			●			●			●		●				●				●				
8	亞歷山大椰子	●	●		●	●				●			●	●				●				●					●			
9	肯氏南洋杉	●	●	●	●					●			●			●						●			●				●	
10	雨豆樹	●	●				●			●	●					●		●				●				●				
11	苦楝	●	●			●	●	●		●			●			●		●				●			●				●	
12	茄苳	●	●			●	●	●	●	●	●	●				●		●				●				●				●
13	掌葉蘋婆		●				●			●			●			●		●				●				●				
14	黑板樹	●	●				●			●			●			●		●				●			●	●				
15	楓香	●	●				●			●			●			●		●				●			●					
16	檸檬桉	●	●				●			●			●			●		●				●				●		●		
17	羅望子	●	●				●			●			●			●		●				●	●		●				●	
18	吉貝	●	●		●		●		●	●		●	●	●		●		●				●	●		●					
19	猢猻木	●	●				●			●			●	●		●		●	●			●				●				
20	落羽松	●		●	●		●				●		●					●				●			●					
21	櫸葉翅子木	●	●				●			●			●			●		●				●			●					

乙、常用中喬木之生育習性與生長特性一覽表

No.	名稱	適應地區				土壤PH			土壤濕度			土壤質地			生長速率			繁殖法				日照			根系			移植難易		
		北部	南部	山區	海岸	酸	中	鹼	乾	中	濕	黏土	壤土	砂礫	快速	中速	慢速	播種	扦插	分株	壓條	全	半	耐陰	深根	中根	淺根	難	中	易
1	九芎	●	●				●			●			●	●		●		●		●		●			●				●	
2	大花紫薇	●	●				●			●			●	●		●		●	●			●	●			●			●	
3	木麻黃	●	●			●	●	●	●	●						●		●				●			●	●		●		
4	木棉		●				●	●	●	●		●	●	●		●						●			●					●
5	毛柿	●	●	●			●			●			●			●						●				●			●	
6	水黃皮	●	●		●	●	●	●		●			●			●						●				●				●
7	白千層	●	●				●			●						●			●				●			●			●	

No.	名稱	適應地區				土壤PH			土壤溼度			土壤質地			生長速率			繁殖法				日照			根系			移植難易		
		北部	南部	山區	海岸	酸	中	鹼	乾	中	溼	黏土	壤土	砂壤	快速	中速	慢速	播種	扦插	分株	壓條	全	半	耐陰	深根	中根	淺根	難	中	易
8	印度橡膠樹	●	●				●			●				●	●				●		●	●							●	
9	竹柏	●	●	●			●			●				●		●		●						●		●		●		
10	杜英	●		●			●			●		●	●	●		●		●				●				●			●	
11	油桐	●	●			●	●	●		●		●	●	●	●			●				●	●			●				●
12	金龜樹	●	●				●	●	●	●		●	●	●		●	●	●				●			●				●	
13	阿勃勒	●	●				●			●		●	●			●		●				●							●	●
14	垂柳	●	●				●			●					●				●			●							●	
15	垂榕	●	●				●			●					●				●			●							●	
16	相思樹	●	●			●	●	●	●	●		●	●	●	●			●				●	●		●			●		
17	盾柱木		●				●	●		●				●	●			●				●	●						●	
18	海檬果	●	●		●		●			●	●			●		●		●				●							●	
19	烏心石	●	●	●			●			●				●		●	●	●						●				●		
20	烏桕	●	●			●	●	●		●	●	●		●	●			●				●							●	
21	美人樹	●	●				●			●			●		●			●				●							●	
22	第倫桃	●	●	●	●		●			●			●				●	●								●			●	
23	棍棒椰子	●	●				●			●				●		●		●									●			●
24	無患子	●	●				●			●			●	●				●				●	●						●	
25	刺桐	●	●				●			●				●	●	●		●				●							●	
26	黃連木	●	●	●			●		●	●		●	●	●	●			●				●							●	
27	黃槿	●	●		●		●			●				●	●			●				●				●			●	
28	櫸榆	●	●				●			●		●	●	●		●		●	●				●						●	
29	正榕	●	●				●	●		●	●			●	●				●			●	●		●				●	
30	臺灣欒樹	●	●				●			●			●		●			●				●	●						●	●
31	蒲葵	●	●				●			●				●			●	●				●	●				●		●	●
32	銀樺	●		●			●			●				●		●		●					●			●		●	●	
33	鳳凰木	●	●				●		●	●				●	●	●		●				●							●	
34	樟樹	●	●				●			●		●	●			●	●	●					●		●			●	●	
35	錫蘭橄欖	●	●				●			●				●				●					●						●	
36	濕地松	●	●			●	●			●	●					●		●				●							●	
37	瓊崖海棠	●			●	●	●	●		●						●		●				●						●	●	
38	鐵刀木	●	●				●			●		●	●					●				●				●			●	
39	欖仁	●	●		●		●			●							●	●				●				●			●	●
40	小葉欖仁	●	●		●		●			●						●		●				●							●	
41	銀葉樹		●		●		●		●	●		●						●				●				●			●	
42	糙葉榕	●	●				●			●		●	●	●				●				●	●				●		●	
43	白雞油	●	●				●		●				●	●				●				●			●	●			●	

丙、常用大灌木、小喬木之生育地與生長特性一覽表

編號	名稱	適應地區				土壤PH			土壤溼度			土壤質地			生長速率			繁殖法				日照			根系			移植難易		
		北部	南部	山區	海岸	酸	中	鹼	乾	中	溼	黏土	壤土	砂壤	快速	中速	慢速	播種	扦插	分株	壓條	全	半	耐陰	深根	中根	淺根	難	中	易
1	山櫻花	●		●			●			●		●	●	●	●			●	●			●	●			●			●	
2	月橘	●	●	●			●			●		●	●	●		●		●	●			●	●				●			●
3	水柳	●	●	●			●			●	●	●			●				●			●			●				●	
4	臺東漆		●	●	●		●	●		●			●					●				●			●				●	
5	羊蹄甲	●	●			●				●		●	●	●	●			●				●				●				●
6	血桐	●	●				●	●		●		●	●	●	●			●				●	●			●				
7	扶桑花	●					●			●		●	●	●					●			●					●		●	
8	杜鵑	●		●		●				●		●	●	●	●				●			●		●			●		●	
9	金露花	●					●			●		●	●	●					●			●	●				●		●	
10	厚皮香	●	●	●			●		●	●		●	●	●			●	●				●	●			●			●	
11	春不老	●	●	●			●			●		●	●	●					●			●					●		●	
12	重瓣夾竹桃	●	●	●		●	●		●	●		●	●						●			●	●				●		●	
13	桃	●		●			●			●		●	●			●		●				●				●			●	
14	草海桐			●	●		●	●	●	●	●					●		●				●				●			●	
15	酒瓶椰子	●	●				●			●			●		●	●		●				●				●		●	
16	馬拉巴栗	●	●				●			●		●	●		●			●	●			●	●			●			●	
17	梅	●		●			●			●		●	●					●				●				●				●
18	象牙樹		●				●		●	●			●				●	●				●	●			●			●	
19	黃花夾竹桃	●	●				●			●		●	●			●		●				●				●			●	
20	黃金榕	●	●				●			●		●	●	●			●		●	●	●	●				●			●	
21	黃脈刺桐	●	●				●			●			●	●				●			●					●				●
22	黃椰子	●	●				●			●			●	●			●			●	●					●		●	
23	黃槐	●	●				●			●			●			●		●				●				●	●		●	
24	福木	●	●				●	●		●	●		●	●		●	●		●		●	●		●			●			
25	臺灣海棗			●	●	●	●			●			●		●		●		●			●				●				
26	臺灣砂欏			●			●			●			●		●			●		●		●				●				
27	緬梔	●	●				●			●		●	●	●				●			●				●				
28	龍柏	●	●	●			●			●			●	●			●		●			●				●				
29	叢立孔雀椰子	●	●				●			●		●						●		●		●				●				
30	雞冠刺桐	●	●				●			●		●	●	●	●			●	●			●				●			●	
31	羅比親王海棗	●	●				●			●			●			●		●				●				●			●	
32	變葉木	●	●				●			●		●				●			●			●					●		●	
33	白水木		●		●		●	●		●			●	●		●		●				●				●				●
34	黃金風鈴木	●	●				●		●				●	●	●			●			●	●				●				●
35	稜果榕	●	●		●		●			●	●	●	●		●			●	●			●			●				●	
36	艷紫荊	●	●				●			●		●	●		●			●			●	●				●			●	●

丁、常用蔓藤類之生育地與生長特性一覽表

編號	名稱	適應地區				土壤PH			土壤溼度			土壤質地			生長速率			繁殖法				日照			攀附性			管理工作		
		北部	南部	山區	海岸	酸	中	鹼	乾	中	溼	黏土	壤土	砂壤	快速	中速	慢速	播種	扦插	分株	壓條	全	半	耐陰	纏繞	吸附	蔓延	繁	中	簡
1	薛荔	●	●				●		●			●	●	●				●	●			●	●	●		●				●
2	地錦	●	●				●			●	●		●	●	●			●	●			●	●			●			●	
3	絡石	●	●				●			●	●		●	●				●					●				●			●
4	軟枝黃蟬	●	●			●	●			●			●	●	●				●			●					●		●	
5	紫葳	●		●		●	●		●	●			●	●		●			●			●	●				●			●
6	使君子	●	●				●			●			●	●	●				●			●					●	●		
7	蒜香藤	●	●				●			●			●	●		●			●			●			●				●	
8	珊瑚藤	●	●			●	●	●		●			●		●			●	●			●			●					●
9	大鄧伯花		●				●			●				●					●	●		●			●					●
10	三星果藤		●				●	●					●			●			●			●				●				●
11	金香藤	●	●				●			●			●		●				●			●			●					●
12	西番蓮	●	●	●			●		●				●		●			●	●			●	●				●			●
13	凌霄花	●	●				●	●		●	●		●	●	●	●		●	●	●	●	●	●			●				●
14	洋凌霄	●					●			●			●	●		●		●	●	●	●	●	●			●				●
15	錦屏藤	●	●				●		●	●			●		●				●			●	●		●					●
16	忍冬	●		●		●	●						●		●				●			●			●				●	
17	龍吐珠	●	●				●		●	●	●		●			●	●		●	●		●	●			●				●
18	炮仗花	●	●				●		●	●	●		●						●			●			●					●
19	紫藤	●		●			●			●			●	●		●			●	●		●			●			●		
20	蝶豆	●	●		●	●	●		●	●			●		●			●				●			●					●
21	葛藤	●	●	●		●	●		●	●			●		●			●	●			●	●		●					●
22	楓葉牽牛	●	●			●	●	●	●	●	●	●	●	●	●			●				●	●		●					●
23	馬鞍藤	●	●			●	●	●	●	●	●			●	●	●						●					●			●
24	玉葉金花	●		●			●						●	●		●		●	●			●	●	●		●				●
25	鷹爪花	●	●				●			●			●			●		●	●			●	●			●			●	
26	雲南黃馨	●	●				●			●			●			●		●	●			●					●			●
27	伯萊花		●				●						●			●			●	●	●	●					●			●
28	山素英	●	●				●			●	●		●			●		●	●			●					●			●
29	木玫瑰	●	●				●			●			●		●			●				●			●					●
30	九重葛	●	●				●		●	●			●						●			●							●	

國家圖書館出版品預行編目資料

圖解植生工程／林信輝，張集豪，陳意昌著.
　-- 初版. -- 臺北市：五南圖書出版股份有
限公司, 2016.11
　　面；　公分
　ISBN 978-957-11-8844-7（平裝）

1.植被　2.生態工法

436.2　　　　　　　　105017433

5139

圖解植生工程

作　　　者 ― 林信輝（141.8）　張集豪　陳意昌

發 行 人 ― 楊榮川

總 經 理 ― 楊士清

總 編 輯 ― 楊秀麗

主　　編 ― 王正華

責任編輯 ― 金明芬

封面設計 ― 陳翰陞

出 版 者 ― 五南圖書出版股份有限公司

地　　　址：106台北市大安區和平東路二段339號4樓

電　　　話：(02)2705-5066　　傳　　真：(02)2706-6100

網　　　址：https://www.wunan.com.tw

電子郵件：wunan@wunan.com.tw

劃撥帳號：01068953

戶　　　名：五南圖書出版股份有限公司

法律顧問　林勝安律師事務所　林勝安律師

出版日期　2016年11月初版一刷
　　　　　2021年 8 月初版四刷

定　　　價　新臺幣360元

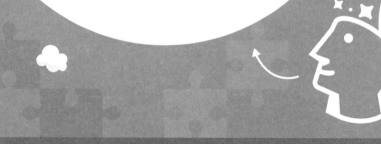

經典永恆・名著常在

五十週年的獻禮 —— 經典名著文庫

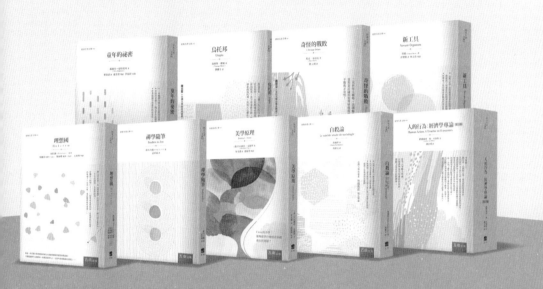

五南，五十年了，半個世紀，人生旅程的一大半，走過來了。

思索著，邁向百年的未來歷程，能為知識界、文化學術界作些什麼？

在速食文化的生態下，有什麼值得讓人雋永品味的？

歷代經典・當今名著，經過時間的洗禮，千錘百鍊，流傳至今，光芒耀人；

不僅使我們能領悟前人的智慧，同時也增深加廣我們思考的深度與視野。

我們決心投入巨資，有計畫的系統梳選，成立「經典名著文庫」，

希望收入古今中外思想性的、充滿睿智與獨見的經典、名著。

這是一項理想性的、永續性的巨大出版工程。

不在意讀者的眾寡，只考慮它的學術價值，力求完整展現先哲思想的軌跡；

為知識界開啟一片智慧之窗，營造一座百花綻放的世界文明公園，

任君遨遊、取菁吸蜜、嘉惠學子！